数学概念的进化——一个初步的研究

Evolution of Mathematical Concepts—An Elementary Study

[美] 雷蒙德·路易斯·怀尔德（Raymond Louis Wilder） 著
刘鹏飞 程晓亮 王洋 冯志新 译

哈爾濱工業大學出版社
HARBIN INSTITUTE OF TECHNOLOGY PRESS

黑版贸登字 08-2021-070

内容简介

本书作者雷蒙德·路易斯·怀尔德是美国著名拓扑学家,从20世纪50年代起,他一直致力于把数学描绘成一个“不断进化的文化体系”。本书是他第一本数学哲学著作,集中体现了他的数学文化哲学思想,被数学家们誉为“数学哲学人文主义转向”的标志,对数学教育的人文主义复兴和数学文化研究起到了积极的促进作用。

本书可作为我国数学教育研究者的学术参考书和一线中小学数学教师的教学参考书。

图书在版编目(CIP)数据

数学概念的进化:一个初步的研究/(美)雷蒙德·路易斯·怀尔德(Raymond Louis Wilder)著;刘鹏飞等译.—哈尔滨:哈尔滨工业大学出版社,2023.7

书名原文:Evolution of Mathematical Concepts An Elementary Study

ISBN 978-7-5767-0914-8

Ⅰ.①数… Ⅱ.①雷… ②刘… Ⅲ.①数学哲学-研究 Ⅳ.①O1-0

中国国家版本馆CIP数据核字(2023)第120058号

SHUXUE GAINIAN DE JINHUA: YIGE CHUBU DE YANJIU

策划编辑　刘培杰　张永芹
责任编辑　关虹玲
出版发行　哈尔滨工业大学出版社
社　　址　哈尔滨市南岗区复华四道街10号　邮编150006
传　　真　0451-86414749
网　　址　http://hitpress.hit.edu.cn
印　　刷　黑龙江艺德印刷有限责任公司
开　　本　787 mm×1 092 mm　1/16　印张11　字数188千字
版　　次　2023年7月第1版　2023年7月第1次印刷
书　　号　ISBN 978-7-5767-0914-8
定　　价　68.00元

献给尤娜[①]

① 译者注：怀尔德在原书扉页单独给出"To Una"，是指妻子尤娜·格林(Una Maude Greene)，他们于1921年怀尔德硕士毕业后结婚，共同育有4个子女，3个女儿分别是杰索普(Mary Jane Jessop of Long Beach，California)、沃特金斯(Kermit Watkins of Altadena，California)和迪林厄姆(Beth Dillingham of Cincinnati，Ohio)，儿子是大卫·怀尔德(David E. Wilder of Pound Ridge，New York)，共有23个孙子和14个曾孙。怀尔德于1982年7月7日在加利福尼亚州圣塔芭芭拉逝世，妻子尤娜比他多活19年，100岁高龄时卒于美国加州南部的长滩市。详见：Raymond，F. Raymond Louis Wilder 1896—1982[M]// National Academy of Sciences Biographical Memoirs：Vol. 82. Washington，D. C.：The National Academy Press，2002.

◎译者前言

开展“数学文化”理论研究与教学实践，无论如何也绕不开美国数学家怀尔德，更绕不开他的第一本数学文化专著《数学概念的进化：一个初步的研究》。译者第一次接触怀尔德的数学文化理论，是通过《数学文化学》①一书的介绍，当时就已萌生将本书译成中文的想法，转眼二十年弹指一挥间，这个愿望终将得以实现。

怀尔德从他第一篇非专业数学研究的文章《数学证明的本质》②开始，逐渐形成了自己对数学基础哲学问题的独特思考，1950 年，他在国际数学家大会上演讲“数学的文化基础”，③借用人类学家莱利斯·怀特等人提出的文化进化主义理论，系统阐述了数学作为一种“超有机”文化体系的历史背景与文化基础，这是他为密歇根大学讲授《数学基础》选修课程二十余年的心得，④后来他的这种数学文化哲学思想逐渐发

---

① 郑毓信，王宪昌，蔡仲．数学文化学[M]．成都：四川教育出版社，2001．

② Wilder, R. L. The Nature of Mathematical Proof[J]. American mathematical monthly, 1944, 51: 309-323.

③ Wilder, R. L. The Cultural Basis of Mathematics[C]// Graves, L. M, Smith, P. A, Hille, E, et al. Proceedings of the international congress of mathematicians, Cambridge, Massachusetts, U. S. A. August 30-September 6, 1950[M]. Vol. 1. Providence: American Mathematical Society, 1952: 258-271.

④ Wilder, R. L. Introduction to the Foundations of Mathematics[M]. New York: John Wiley and Sons, 1965.

展成本书《数学概念的进化:一个初步的研究》,①给出了数学进化的动力、规律等经典论述,经众多著名数学家、历史学家、哲学家、文化人类学家的褒扬与批评之后,修改完善形成其数学文化名作《数学作为一种文化体系》,②主张“数学是一种不断进化的子文化体系”的人文主义数学哲学观。

我们学习西方数学一百多年来,也经历了文化学理论中对西方文化体系的器物、制度、文化三个层次和阶段的学习过程。我们在数学理论方法、教育制度形式两方面的学习已与西方非常接近,但在数学文化、理性精神、价值观念层次的学习与理解上还需进一步深化和加强,这也是当前我国大、中、小学“数学文化热”的一个深层原因。我们有必要深入细致地学习和理解西方数学家的“数学文化”理论研究成果,怀尔德的这本《数学概念的进化:一个初步的研究》堪称必读的经典入门之作。

本译著的序言、平装本序言、引言和第一章由刘鹏飞翻译,第二、三章由程晓亮翻译,第四章由冯志新翻译,第五、六章由王洋翻译,刘鹏飞、战珊珊最后做通篇译稿的审校、统稿工作。硕士研究生胡卓群、王露研、李霈、张悦以及相关本科生曾参与了英译校对等工作,在此一并深表感谢。

需要给读者做出的两点说明:一是原书的正文中作者用斜体标记了很多英文词、句,且在特别重要的斜体部分后面怀尔德本人还标记了[Italics ours]或[Italics mine:RLW]。在译文中我们统一将斜体内容用“双引号”括起来标记,以保持作者对该词、句的特别强调和高度重视。所有正文中他用中括号标记的内容我们仍原样予以保留;二是原书的正文中作者引用的参考文献及标记,为了让中文读者阅读对照起来更方便,译者将书后对应的英文文献信息补充完整后改至脚注格式标记。原书自有的脚注全部予以完整保留,译著脚注中凡是“译者注”引领之后的内容均为译者所加,供读者参考。

初次翻译著作,内心难掩激动。除了对那些为翻译事业默默无闻地付出的译者们致以崇高的敬意,也深深体会到翻译学习过程中的艰辛与快乐、寂寞与自豪。正如余光中先生谈论翻译时曾说过的:“译者未必有学者的权威 或是作家的声誉,但其影响未必较小,甚或更大。译者日与伟大的心灵为伍,见贤思齐,当其意会笔到,每能超凡入圣,成为神之巫师,天才之代言人。此乃寂寞之译者独享之特权。”③

但愿这本译著能为广大一线数学教师、大中小学生和数学文化爱好者们更

---

① Wilder, R. L. Evolution of Mathematical Concepts: an Elementary Study[M]. New York: Wiley & Sons, Inc., 1968.

② Wilder, R. L. Mathematics as a Cultural System[M]. New York: Peragmon Press, 1981.

③ 余光中. 余光中谈翻译[M]. 北京:中国对外翻译出版公司,2000:扉页.

好地理解西方数学文化带来一定的帮助和启示，我们译者内心就会感到无比的高兴和欣慰了！在翻译、审校本书的几年中，译者深深体会到读一本英文书和将之翻译成中文之间的巨大差距，对严复先生“一名之立，旬月踟蹰”的心境深有体会，然所谓“信、达、雅”标准是可望而不可即的，对钱钟书先生提及的“化境”更是难望项背。本书的翻译基本上遵循直译并结合译者理解略有意译，限于译者学力不足、识见不广，有些翻译一定还存在不够准确的相关问题，殷切希望得到识者的批评和指教！

感谢国家自然科学基金数学天元基金“怀尔德《数学概念的进化：一个初步的研究》翻译研究”（课题批准号：11826401）的资金资助。

感谢哈尔滨工业大学出版社刘培杰工作室的鼎力支持。

译　者

◎ 序言

数学被公认为每个现代社会最重要的文化组成部分之一。数学对其他文化元素的影响是如此深远，以至于有理由宣称：如果没有数学，我们“最现代的”生活方式几乎是不可能实现的。证实这一说法根本不必诉诸电力、无线电、电视、计算机和太空旅行这些有目共睹的例子，初级的计算技巧即为明证。设想一下，人们不以某种方式运用数字的一天该如何度过！

然而并不是数学的重要性促使我开展这项研究，准确地说是希望确定（如果可能的话）“数”和“几何”这类数学概念是如何以及为何被创造和发展的。我们对个别数学家如何创造和发展他们的概念已经很了解了，并开展过心理学层面的研究，著名数学家，尤其是庞加莱①和阿达玛②，通过自己的经验为此做出了证明。但这些数学家仅是个案。没有数学家在孤军奋战，其兴趣不仅取决于他所处时代的数学状况，还取决

---

① 译者注：亨利·庞加莱（Henri Poincaré，1854—1912）是法国数学家、天体力学家、数学物理学家、科学哲学家，被誉为 19 世纪末和 20 世纪初的领袖数学家，是对数学及其应用有全面了解的“最后一个通才”。怀尔德这里指的是庞加莱关于“数学中的直觉与逻辑”的相关论述，详见：Poincaré, H. Intuition and Logic in Mathematics. In: Poincaré, H. The Foundations of Science: Science and Hypothesis, The Value of Science, Science and Method[M]. New York: The Science Press, 1913: 210-222. 该书系列中译本详见：商务印书馆出版，李醒民译，《科学与假设》（2006）、《科学的价值》（2007）、《科学与方法》（2006）。

② 译者注：雅克·阿达玛（Jacques Hadamard，1865—1963）是法国数学家，怀尔德这里指的是其名著 *Psychology of Invention in the Mathematical Field*（1954），中译本详见：陈植荫，肖奚安译，《数学领域中的发明心理学》，江苏教育出版社（1989）、大连理工大学出版社（2008）。

于他与全世界数学同行的联系。已故人类学家拉尔夫·林顿①曾假设:“……假如爱因斯坦出生在一个计数不超过三的原始部落,即使他终生应用数学,可能也不会使自己超越基于手指和脚趾的十进制体系而发展。”因为十进制体系是若干“文明”以及无数数学家历经四五千年共同努力才诞生的。即使爱因斯坦这样的天才,终其一生能否创造出十进制体系也是值得怀疑的。爱因斯坦(以及类似拥有其他数学天赋的人)之所以能够成就他的事业,是受很多因素综合影响的,毋庸置疑的天赋仅仅是其中之一,而且这些因素中大多具有其文化本质。

数学家们似乎容易忽视甚至忘记自身工作的文化本质,总是觉得他们处理的概念拥有文化背景之外的“现实”(一种柏拉图式的理念世界)。事实上,一些数学家似乎完全缺乏现代物理学家所具备的洞察力,即意识到他的观察,甚至他的概念,同样受到观察者的影响。还有哪些学科会像数学这样,对事物的概念化已逐渐超越对事物本身的观察呢?

没人指望能在某一特定文化的逻辑和语言表达中找到类似物理世界严格遵循的“规律”。物理学家只不过将所谓的规律表述为一种使环境合理化并预测其行为的模式,但并未断言自然界“遵守”这些“规律”。就数学而言,以真实的物理环境为基础,寻求宇宙所遵循的算术、几何等类似定律。但是,一旦数学变成一种成熟的文化元素,它便会按其自身规律发展,似乎根本不在意所谓的“现实”。

然而,数学就像物理、艺术或其他文化成分一样,并非独立于文化动力②而发展,只不过某些文化动力是数学自身本质所特有的。那些视某一特定时期的流行趋势为“错误”的数学家个体,试图改变数学研究的方向,但貌似并没有什么用。好像只有强大的环境和内部压力才能有效地改变数学发展的进程,例如,有时是由战争、政治变革造成的混乱、主体文化③的激进变革、数学自身的“危机”等类似压力造成的。我们见证了中国古代和中世纪数学的停滞,表明其主体文化的静态特征,人们对希腊数学衰落的原因一直争论不休,但无论如何它都是整体文化衰落的一部分(数学内部的和外部环境的),以及二战前欧洲数学家大量涌入美国对美国数学和整个数学的影响。近年来,对数学领域新研究的激励,以及数学从业人员地位的异常提高,主要是受政治环境的影响,就跟物理学这个显而易见的例子一样。

---

① 译者注:拉尔夫·林顿(Ralph Linton,1893—1953)是美国人类学家,文化人格学派的主要代表之一. 怀尔德引述的内容详见:Linton, R. The study of man: An Introduction[M]. New York: Appleton-Century-Crofts, INC, 1936: 319.

② 译者注:把 Cultural Forces 译为“文化动力”,参考了郑毓信教授的译法,详见:郑毓信,王宪昌,蔡仲,《数学文化学》,四川教育出版社,2001:389-393。

③ 译者注:把 Host Culture 译为“主体文化”,主要考虑怀尔德还用过“整体文化”(General Culture)和“母文化”(Parents Culture),都用来指数学作为一种“子文化”(Subculture)所依赖和依存的那个“文化主体”。

此外，我相信数学和数学哲学一定都能从关于数学进化①的研究中获益。

---

① 译者注：英文单词 Evolution 在中文翻译时应该译成“进化”还是“演化”在学界是有一些争议的，当然这些争议更主要是在生物学界。Evolution 源自拉丁词 Evolvere，含义是“展开、展示和揭开”。有学者认为将 Evolution 翻译成“进化”，本身带有“方向、目的和计划”的含义。那么生物演化本身并没有任何目的和方向，自然界也不存在由低级到高级、由简单到复杂、物种由少到多样的发展过程和必然规律。进化是单向的，演化是多维的。进化也不意味着就是“进步、前进”。“演化”在字面上的意义比较中性，可表达连续与随机的意思；“进化”除带有进步的含意外，由于汉语“进”与“退”是代表相反意义的两个字，既然有“进化”自然就有“退化”。将 Evolution 译为“演化”可能比“进化”在表达上要更准确些，但如果我们理解 Evolution 的含义，那么无论“演化”还是“进化”在生物学领域都是可接受的，也不会产生混乱。我们现在和以前的教科书、学术著作、科普著作、学术论文、新闻媒体等，用“进化”这么多年，如果改为“演化”，那么也会有一些具体的表述问题。具体讨论详见：王德华的博文，“进化”还是“演化”，Evolution 我们翻译错了吗？ http://blog.sciencenet.cn/home.php?mod=space&uid=41757&do=blog&id=273972.

在本译著中我们把 Evolution 译成“进化”，除考虑以往的学术习惯多是翻译成“进化”外，主要考虑中国近代史上严复虽将赫黎胥（Thomas Henry Huxley，1825—1895）的《进化论与伦理学》译为《天演论》，但他主要阐述的还是斯宾塞（Herbert Spencer，1820—1903）的“社会达尔文主义”思想，严复在《天演论》中强调人为作用，反对听任天演之自然。他译述《天演论》的出发点，正是要用“物竞天择”的事实与道理，去激励甲午战败后的中国人民团结奋斗，以求救亡图存、保国保种。翻译界最著名的“信、达、雅”三原则就是严复在这本书的“译例言”里提出来的，尽管严复本人也没能真正做到信达雅。详见：［美］本杰明·史华兹，《寻求富强：严复与西方》，叶凤美译，江苏人民出版社，1995：90-100。

严复的影响在近代中国无疑是巨大的，梁启超在《新史学》中清楚地表明，他已经接受达尔文（Charles Darwin，1809—1882）进化论作为历史进化的基本模式。他说：“历史者，叙述人群进化之现象，而求得其公理公例者也。……历史者，以过去之进化，导未来之进化者也。”表明梁启超相信人的世界和自然界一样，也受客观规律支配。所以，史学的主要任务便是怎样去探索并建立“历史规律”（Historical Laws）。详见：梁启超，《新史学》，夏晓红，陆胤校，商务印书馆，2014：92-97。由此可知，梁启超所向往的《新史学》其实便是当时在西方风行的“科学的史学”（Scientific History）。因受到科学革命的启发，西方史学界早在 18 世纪便有人主张用牛顿（Isaac Newton，1643—1727）的方法来研究人文和社会现象，但直到 19 世纪才发展成一种极其普遍的信仰，如孔德（Auguste Comte，1798—1857）、马克思（Karl Marx，1818—1883）、斯宾塞等人都是有力的推动者。

读者可在我们后续译述中清楚地看到怀尔德关于“数学概念进化论”的思想，比如数学进化的动力、规律等。这里译者也充分考虑了数学学科发展的特殊性，数学发展史表明数学概念发展确实遵循徐利治先生所提出的“数学抽象度”理论，经历了从低级到高级、从直观到抽象、从弱抽象到强抽象的一个“进化”过程，因而用“进化”来刻画数学概念、数学理论的发展历程非常贴切。同时，这里也饱含了译者的一份美好愿景，我们当然希望“数学文化”，乃至整个人类社会、文化和文明能如我们所愿，在人类的积极努力下向着更好的方向“进化”，而不是任由它随机地、漫无目地、自由地“演化”。正如英国的数学家、历史学家布伦诺斯基（Jacob Bronowski，1908—1974）所言：“人都会对我们的信心、对未来、对这个世界产生恐惧。此乃人类想象力的本质。然而，每个人、每个文明都会因其抓住了自己决心要解决的问题而实现进步。每个人都能共同承担其自身技能、智识和情感的义务，就一定能实现人类的进步。”详见：Bronowski, J. The Ascent of Man[M]. British Broadcasting Corporation，1981. 中文可参见：［美］雅·布伦诺斯基，《科学进化史》，李斯译，海南出版社，2002：486。

如果我们认同“不懂历史之人,深陷黑暗之中”①的说法,那我们同样会认同,数学家如果忽视塑造其思想的进化动力,那么就会失去一个有价值的视角。仅仅了解“历史”是不够的,日期、传记等类似材料都很重要,但它们只构成此类研究“遗物”藏品的一部分。而且,文化进化已成为人类学中公认的理论,此类研究应该引起普遍关注,尤其是对形成其所处文化氛围的思想根源感兴趣的那些人。

开展这类研究的主要障碍是早期记录不足。究竟是研究整体文化过程容易,还是研究某种特定的文化项目(例如数学)更容易,这是个有待讨论的问题。在研究整体文化的过程中,可从大量的文物藏品中得出结论,而对于特定的文化项目(例如数学),可用材料通常是相对有限的。另一方面,材料限制有助于降低复杂性并能集中注意力。这让人们想起对马的进化研究。正如对一种特定生命形式的进化研究可为更一般的生命形式提供模式一样,研究一种特定的文化项目(例如数学),对文化进化的普遍形式具有重要意义。

不管怎样,必须承认数学具有众所周知的专业性,首先关注数与几何的基本性质似乎是明智的。它们的进化过程基本上展现了部分更高级数学发展中所表现出的全部特征。数不仅是数学的起源,而且数概念以一定形式贯穿于数学的每个领域。为适应其所在的社会和物理环境,每个文明人(其实也包括非文明人)都必须掌握一部分数学知识。因此,从对数学的普遍理解来说,不应过于强调其专业性。仅在第4章中涉及一些技术性细节,但我希望这些都以一种非数学家可理解的方式呈现。我相信,不愿通读这一章的读者会在本书其余部分找到足够材料来理解它的普遍意义。

在本研究中我试图从人类学家的视角来研究数学子文化②,而非数学家视角。当然,由于我是一名数学家,这种方法与一位社会科学家试图研究自己文化时所面临的风险一样,很难跳出自己的文化去冷静地审视它。然而,数学具有如此深刻的专业性,以至于非数学专业的人几乎不可能穿透笼罩数学的符号性外衣和高度抽象概念的帷幕。类似通常用来获取原始文化习俗和信仰知识

---

① 密歇根大学威廉·克莱门茨图书馆外墙上的题字(归功于已故的乌尔里希·菲利普斯教授)。译者注:威廉·克莱门茨(William Lawrence Clements,1861—1934)于1882年毕业于密歇根大学,获工程学学士学位,他的财富是在19世纪末20世纪初为巴拿马运河等重大工程项目提供设备而获得的。1909年,他被选入密歇根大学董事会,他的工程和商业知识使他成为重建密歇根大学中心校园的领导者,1923年密歇根大学图书馆以他的名字命名。乌尔里希·菲利普斯(Ulrich Bonnell Phillips,1877—1934)是美国20世纪初著名的历史学家,1911—1929年间曾在密歇根大学工作,克莱门茨图书馆由美国著名建筑设计师阿尔伯特·卡恩(Albert Kahn, 1869—1942)设计,外墙镌刻两句铭文均为菲利普斯所写,这是其中一句,另一句铭文为“传统终将褪色,但文字记录永远鲜活”(Tradition fades but the written record remains ever fresh)。

② 译者注:把Subculture译为“子文化”,而非“亚文化”“副文化”或“次文化”,主要是考虑中文语境中“亚”“副”和“次”都有第二的意思,而怀尔德认为数学是整体文化(General Culture)或主体文化(Host Culture)这个大文化体系的组成部分之一,与政治、军事、科学、艺术等其他子文化体系是并行关系,数学只不过是其中的一个“子”文化体系而已。

的"信息传递者"系统,①在数学中是行不通的。

我将放弃任何哲学化的尝试,仅仅想对文化某一特定部分的发展与行为进行探究。完全回避哲学概念也不可能,毕竟数学哲学影响了数的发展,特别是在希腊时代。另一方面,如果我的某些结论看起来仅有哲学基础,那必定是由于所谓科学哲学与科学理论边界模糊造成的。或许我可以通过类比宗教来说明这点,宗教纯粹是从人类学观点进行研究的,很少或根本不涉及宗教哲学,除非它构成了某一特定宗教的部分内容。

职业数学家不应期待在本书中找到对诸如实数系统等主题的严谨处理,因为这并不是一本教科书。这是一本"关于"数学作为一种文化现象的书,而并非是对数学学科"本身"有贡献的书。如果职业数学家读了这本书后能对自身工作的本质有更深刻的理解,那么他就得到了我在书中所希望给予他的全部。另一方面,我相信对非数学专业的读者,尤其是对人类学和社会学专业的学生,读后将会真正理解数学是什么,并会忽略书中随处可见的专业细节而读到最后。

考虑到非数学专业读者,我给出一个关于现代数学本质的介绍,不仅从数学是什么、数学如何发展的视角,而且还从数学教学中当前发生了什么的视角进行介绍。为了兼顾数学和非数学专业读者,我特别把预备概念一章作为全书的开始,我希望其中能包含足够充分的文化人类学资料,以及我们日常所用十进制体系的内在本质,用以弥补后面各章未被阐明的任何技术性细节。如果读者已熟悉这些内容的实质,那这些内容都可略过,从第 2 章开始阅读。

参考文献按照作者姓名和日期列出,"贝尔,1931 年,第 20 页"即指贝尔 1931 年的著作第 20 页。对书中交叉引用的条目通常引用的是章和节,但对同一章中各节的引用省略了章号。

我要感谢那些为我观点形成做出贡献的同事与学生,人数太多以至于我无法一一列举他们的名字。我尤其要感谢我的人类学家朋友,莱斯利・阿尔文・怀特②教授,还有我的孩子贝蒂・安・迪林厄姆(她阅读并评论了初稿)和大

---

① 译者注:信息传递者(Informant)在文化人类学和语言学中常指向调查者提供本国文化或语言资料的人。这里怀尔德用来指数学的专业性和独特性,导致很多数学资料信息无法以类似的方式进行传递。

② 译者注:莱斯利・阿尔文・怀特(Leslie Alvin White,1900—1975)是美国著名的人类学家,以主张文化进化论、社会文化进化理论而闻名于世,他创建了密歇根大学的人类学系,曾任美国人类学会主席(1964)。他与怀尔德是好朋友,学术观点也相互影响。在怀特的经典数学哲学文章《数学实在的轨迹:一个人类学的视角》标题脚注里写道:非常感谢怀尔德教授阅读了这篇手稿,且推荐阅读参考数学家阿达玛的名著《数学领域中的发明心理学》一书。但怀特也强调文责自负,本文如有不当之处则与怀尔德教授无关。详见:White, L. A. The Locus of Mathematical Reality: An Anthropological Footnote[J]. Philosophy of Science, 1947,14(4):289-303. 怀特卒于 1975 年 3 月 31 日,当时他的遗作《文化体系的概念》正由哥伦比亚大学出版社编辑过程中,怀尔德的女儿迪林厄姆负责帮助编辑。在该书扉页上怀特单独标注"献给怀尔德:数学家、文化学家、朋友",详见:White, L. A. The Concept of Cultural Systems: A Key to Understanding Tribes and Nations[M]. New York: Columbia University Press, 1975.

卫,[1]他们都是社会学家,与我一起对相关材料进行过多次有益的讨论,但本书表达的观点他们并不负文责。感谢我的同事菲利普·琼斯教授[2]和我之前的学生爱丽斯·迪金森教授,[3]对我提供了很多有益的讨论和鼓励。特别感谢玛丽·安·索伯女士愿做秘书并提供极有效率的协助。我还要感谢那些让我有机会从文化的视角讲授数学观点的大学和学院。正是由于听众鼓励,我才决定写这本书。我希望那些曾听过我讲座并碰巧读过本书的人,能认识到二者之间至少有一点相似之处。还要感谢密歇根科学与技术研究所和佛罗里达州立大学的支持,它们分别在1960—1961年和1961—1962年通过授予我研究教授职位的方式,为我全身心投入这类学习与研究工作提供了必要的时间。

雷蒙德·路易斯·怀尔德
安阿伯市,密歇根州
1968年5月

---

[1] 译者注:迪林厄姆是怀尔德的三个女儿之一,大卫是他唯一的儿子。迪林厄姆是怀特最优秀的博士毕业生之一,可以说继承了怀特的衣钵,是怀特的人类学、文化学思想的主要传承人之一。二人合作出版过《文化的概念》一书。详见:White, L. A., Dillingham, B. The Concept of Culture[M]. Minneapolis, Burgess Pub. Co. 1973. 美国人类学会下属核心机构CSAS(Central States Anthropological Society)在1983年以怀特的名字设立了"The Leslie A. White Award"纪念基金,这也是怀尔德生前想要设立的,但在他去世之前没能实现,由他女儿迪林厄姆完成了这个遗愿。为鼓励青年学者开展人类学研究,迪林厄姆的后人于1989年设立以她名字命名的基金The Beth Wilder Dillingham Award,详见CSAS网站介绍:http://csas.americananthro.org/awards/.

[2] 译者注:菲利普·琼斯(Phillip S. Jones, 1912—2002)的本科(1933)、硕士(1935)和博士(1948)均毕业于密歇根大学,1947年成为密歇根大学讲师,1958年成为密歇根大学数学系教授,致力于数学史研究与教学,是HPM的联合创始人之一,曾做过美国NCTM的主席(1960—1962)。

[3] 译者注:爱丽斯·迪金森(Alice Braunlich Dickinson, 1921—1987)是怀尔德在密歇根大学指导过的博士生(1953),曾先后在宾夕法尼亚大学、斯密斯学院和马萨诸塞州立大学工作,在教学中推崇使用从她老师的导师那里学来的莫尔(Robert Lee Moore, 1882—1974)教学法(Moore Method),详见:Hutchinson, J. P. Remembering Alice Dickinson[J]. Association for Women in Mathematics Newsletter, 1987, 17(6): 16-17.

◎ 平装本序言

鉴于有人对这项工作产生了一些误解,似乎有必要简要澄清一下本研究的本质与目的。

最严重的误解可能是大家把这项工作看作一个纯粹的历史研究。本书中确实有大量历史,尤其是涉及数的概念和几何概念的发展。但这只是次要目的,真正的目的在于提供一种方法以期发现和阐明影响数学进化的文化动力之本质。历史素材的选取仅为这一目的,而不是为了提供数和几何概念发展的完整历史。例如,第4章中简要描述了数向“超限”数的进化,只为强调数学内部动力的“力量”推动了这一发展过程,甚至违背了超限数最杰出的创造者格奥尔格·康托尔①的个人哲学(顺便说一下,关于超限数的材料可省略,并不妨碍对其后内容的理解。然而,重要的是要认识到数及其四则运算一起被扩展到无穷的情形,这并非数学上的突发奇想,而是因其强大的内部压力)。把历史素材限定在数与几何方面,是为了便于非数学专业人士能理解本研究,他们对数学的了解可能仅限于中小学阶段接触过的这些内容。我还考虑到其他领域的同事,尤其是文化人类学家,希望他们能较先前对数学有更好的理解(事实上,在一个人类学杂志上一篇非常赞

---

① 译者注:格奥尔格·康托尔(Georg Cantor,1845—1918)是德国著名数学家,集合论的创始人,康托尔在研究无穷集合性质时提出了超限数(transfinite numbers)概念,是指大于所有有限数(但不必为绝对无限)的基数(cardinal number)或序数(ordinal number)。

成我观点的评论中就指出了这点①)。为给上述选择做最终辩护,让我重复在序言中曾做过的声明:数与几何的进化足以展现更多高级数学的全部发展特征。

我也希望(我觉得这一希望还是可以实现的),对这类问题的持续关注能为改善数学史的书写指明方向。人类没能自然进化出与生俱来的数系或者几何规则知识,这些必须由人类发明,且一定有发明的动机。我相信历史终将证实这一点:没有对数学的文化需求,就不会有数学。

另一个需要澄清的误解涉及"符号"一词的含义。"符号是一种可被感知的事物,它可以代表其他事物。"它可能是一个手势、一个声音、一个词语或表示其他任何事物的东西。词组"数学符号"中符号一词的意义更为狭隘,它仅代表特殊类型的符号。不幸的是,数学家的生活被太多由其发展出来的精致符号所占据,以至于他们很容易忘记自己使用的数学符号不过是我们日常生活中所用符号的一个特殊子类。对警察或军人来说,服装是表明其职业的符号。我们中的许多人都佩戴象征我们信仰或加入兄弟会的徽章。广告商通过广播、电视、印刷品和其他展示形式反复使用文字、设计和图片,意在创造每当我们需要其所售商品类型时就会自动涌入脑海的那些符号。毫不夸张地说,我们的生活充斥着各种符号。对普通人而言,最重要的符号是"文字"(口头的或印刷的)。正如数学家运用特殊符号来表示其概念一样,我们所有人都在使用类似"猫""钱""汽车""电视"等词汇来代表日常生活中的重要物品。

因此,土著居民的原始数词、表示数的卵石集合,希腊人的几何学(其中的图形和文字都作为符号),阿拉伯人的修辞代数学等,都跟现代代数与分析学一样具有符号意义。这种差异是由数学符号体系的不断进化导致的,其动力来自于我们称之为数学内部的"遗传压力"。虽然希腊数学在逻辑辩证法的进化过程中,或许并没有遭受基本文字主义的困扰(事实上,或许从中受益),但最终它可能因为未能进化出一种更高级的符号类型而发展受限。

已故历史学家乔治·萨顿②认为研究数学史的主要目的在于它的人文价值。叙事史致力于重要数学发明及其发明人的奇闻轶事,当然符合这一标准。但与此同时,通过研究数学与数学文化环境间的相互作用,可获得更为深刻的理解和更为广阔的视野。这不仅需要对历史事件进行描述,更需对其动机的文

---

① 译者注:这里怀尔德指的是美国文化人类学家、文化进化论的代表性人物塞维斯(Elman Rogers Service,1915—1996)给怀尔德写的书评,详见:Service, E. R. Book Review of Evolution of Mathematical Concepts: An Elementary Study[J]. American Anthropologist, 1970, 72(6): 1468-1469.

② 译者注:乔治·萨顿(George Alfred Leon Sarton,1884—1956)是美国化学家、历史学家,近代科学史学科的重要奠基人之一,是"新人文主义"的积极倡导者。为纪念他对科学史的贡献,科学史协会于1955年起颁发"乔治·萨顿奖",以奖励对科学史学科有卓越贡献的人,奖章的第一位获得者即为萨顿本人。

化本质的进化动力开展探究。我相信,这些知识不仅能增进外行人对我们文化中的数学本质和重要性的理解,而且也能让每位老师从中受益。此外,即便是富有创造力的数学家也能从中受益。当我回顾自己之前的一些专业数学研究工作时,我发现那些曾经和正在影响我当前工作的文化动力方面的知识,对我将要完成的工作产生了深刻影响,尤其是在问题的选择上。

我们所知道的数学,可能除计数的基础知识外,几乎没有什么必然性。如果我们曾接触过另一星球上的“智慧”生命,它们的数学或许与我们的截然不同。显然,任何形式的生命只要创造出文化且不断进化,就不可避免地会创造出一种数学。我们星球上发现和研究过的每种文化都发展出了一种基本计数形式,更高级的文化还发展出了算术运算法则和各种初等几何规则。在一种文化中,除非出现一类特殊阶层的人(正如古希腊曾出现的),他们能够花费时间去研究数学,否则数学不会有任何程度的显著发展。这一特殊阶层只有当文化对数学的需求及其支撑手段得以提供的时候才会出现。可以预期,一旦数学发展成一种公认的行业,它将像任何已充分确立的文化元素一样,拥有自己的生命力并根据自身需要及孕育它的文化需求而发展。

简而言之,写这本小书的主要目的在于强调数学乃人类文化遗产的自然组成部分,并探究在过去和现在使其成为庞大知识体系的独特动机(“动力”)是什么。由于这种类型的研究从未尝试过,因此给出最佳论述几乎是不可能的。正如布罗德本特教授在他富有洞察力的评论中所指出的,这本书“没有提供一系列圆滑而又肤浅的答案,相反,它陈述事实、提出问题并给出可能的解释。”①独具慧眼的读者将在书中明确提及的问题之外发现更多问题,或许本书这一版本提供的更大实用性,将促使大家沿此方向开展进一步的研究工作。

雷蒙德·路易斯·怀尔德
圣塔芭芭拉市,加利福尼亚州
1973年4月

---

① 译者注:这里怀尔德指的是英国格林尼治皇家海军学院数学教授托马斯·布罗德本特(Thomas Arthur Alan Broadbent,1903—1973)给怀尔德写的书评,详见:Broadbent, T. A. Book Review of Evolution of Mathematical Concepts: An Elementary Study[J]. The Mathematical Gazette, 1970, 54(387): 70.

◎

引言

1. 数学本质的构想

尽管每个文明人都在一定程度上运用数学，哪怕只是为了结算现金并付款，而且几乎在他人生每个阶段都间接地受数学影响，但或许没有哪个学科像数学这样被如此误解。我这样说的意思是，数学这门学科的“本质”没能获得广泛的理解，预计只有很少人能熟识数学的技术性细节，不单单是因为这些技术性细节的极端复杂性，还因为很少有人选择数学作为自己的职业。

即使我们从一学会说话就开始进行数学训练，且在文明国家的小学里要继续进行训练，而在高中直至大学训练得更为频繁，我们对数学的本质及其与文化各个分支关系的看法也极其多样。而且，这种状况也不排除职业数学家们的不同看法，考虑如下几个例子：

“在纯粹数学中，我们冥思绝对的真理，即便天上最后一颗耀眼的星辰陨落，这些真理也将继续存在。”①这句话出自著

① Bell, E. T. The Queen of the Sciences[M]. Baltimore: Williams and Wilkins, 1931: 20. 译者注：这句话怀尔德引自美国数学史家贝尔(Eric Temple Bell, 1883—1960)的名著《科学的皇后》，贝尔还写过《科学的侍女》，详见：Bell, E. T. The Handmaiden of the Sciences[M]. Baltimore: Williams and Wilkins, 1937. 后来他将二者合并为一本书《数学：科学的皇后与仆人》，详见：Bell, E. T. Mathematics: Queen and Servant of the Science[M]. New York: McGraw-Hill book Company, INC., 1951. 这句话体现了柏拉图主义者强调的“数学是一种先天存在”。

名的爱德华·埃弗里特①之口，在同时代的人看来，他在葛底斯堡的演讲甚至盖过了林肯。

“数学是一种理想的工具，它能让平庸的头脑迅速地解决复杂问题。”——摘自一本物理学教科书。②

“我认为数学实体存在于我们之外，我们的作用是去发现它或‘观察’它，那些被夸张地描述成我们的‘创造物’的定理，仅仅是我们观察的记录。”——来自一位著名现代数学家的陈述。③

“……我们已经克服了数学真理独立于我们心灵而存在的观念。甚至让我们感到奇怪的是这样的观念竟然存在过。”——这是一位著名现代数学家和同样著名的科普作家的共同观点。④

“……数学是一种人类的发明，这是仅依赖简单的观察就能得到的最显而易见的事实。”——出自一位杰出的现代物理学家之笔。⑤

这些观点不同程度地包含神秘主义、实用主义、柏拉图主义和“常识性”元

---

① 译者注：爱德华·埃弗里特（Edward Everett，1794—1865）是美国著名的政治家，他是美国人中第一个从德国哥廷根大学获得哲学博士学位（1817）的人，曾任马萨诸塞州州长（1836—1840）、哈佛大学校长（1846—1849）和美国国务卿（1852—1854）。这句话出自他于1863年11月19日在美国宾州南部葛底斯堡发表的两小时演说，同台演说的还有美国第16任总统亚伯拉罕·林肯（Abraham Lincoln，1809—1865），在演说中林肯提出了著名的“民有、民治、民享”的口号。怀尔德这里引用时出现错误“divine truths”（神圣真理），而贝尔一书的原文则是“absolute truths”（绝对真理）。详见贝尔一书的引用，或见演讲原文：Everett，E. Orations and speeches[M]. Vol. 3. Boston：Little，Brown and Company，1870：514.

② Firestone，F. A. Vibration and sound[M]. London：Hutchinson，1939：8. 译者注：费尔斯通（Floyd Alburn Firestone，1898—1986）是美国声学物理学家，曾在密歇根大学工作过（1924—1945），曾任《美国声学学会杂志》的编辑（1939—1957）。

③ Hardy，G. H. A Mathematician's Apology[M]. England：Cambridge University Press，1941：63-64. 译者注：哈代（Hardy Godfrey Harold，1877—1947）是20世纪英国分析学派的领袖，曾培养并指导过著名数学家拉马努金（1887—1920）和华罗庚（1910—1985）。“一个数学家的辩白”可谓“纯粹数学的辩护词”，把数学看成一种艺术，认为数学对象是一种独立的客观存在。详见：G. H. 哈代. 一个数学家的辩白[M]. 李文林等，编译. 南京：江苏教育出版社，1996：47.

④ Kasner，E，Newman，J. R. Mathematics and the Imagination[M]. New York：Simon and Schuster，1940：359. 译者注：爱德华·卡斯纳（Edward Kasner，1878—1955）是美国数学家、哥伦比亚大学教授，曾任美国数学会副主席（1906）、美国国家科学院院士（1917）。詹姆斯·纽曼（James Roy Newman，1907—1966）是美国数学家、数学史家，同时也是一名律师，是多本畅销科普书的作者，长期在《科学美国人》上发表科普作品，代表作《数学的世界》已由高等教育出版社出版多卷中译本。

⑤ Bridgman，P. W. The Logic of Modern Physics[M]. New York：The Macmillan Co.，1927：60. 译者注：珀西·威廉姆斯·布里奇曼（Percy Williams Bridgman，1882—1961）是美国物理学家，由于发明超高压装置及其在高压物理学领域的突出贡献而获得1946年的诺贝尔物理学奖。

素。它们显然没被作为数学的"定义",而是作为对数学这门学科"本质"的一种看法。大概只有一个职业数学家或科学哲学家才会尝试为数学下定义。然而,任何人都有资格发表对数学本质的看法,以及如何看待数学的作用。

数学在过去的50年里的发展是如此迅速,从我们祖先继承下来的那些观念同样也发生了改变,以至于一个在本世纪(指20世纪)头20年里培养出来的数学家,如果他没能跟上这些变化,就会毫无希望地落伍了。我记起一位在五大湖地区工作的病理学家的评论,在讨论该地区普遍使用碘盐对甲状腺的影响时曾指出,1920年的病理学家不知道该如何解释他今天可能在甲状腺组织中看到的东西。同样地,一个数学家可能在1920年完全跟得上时代,而在今天如果没跟上其领域前沿,就无法理解当前的期刊文章。因此,1920年对数学本质的正确描述对于今天的数学来说可能就不恰当了。

以上论述揭示出一个问题:这些变化都是有益的吗?或者借用一些人用来描述古希腊数学发展的词语来说,数学这门学科是否会出现"错误的转向"?

2. 学校数学

另一个与数学教学有关的问题是,这些变化是如何影响数学教学的?

研究生阶段的课程总体跟上了变化的步伐,传授这门课程的教授通过他们的研究,掌握着这些变化的最新动态,这种情况非常普遍。在本科阶段,这种影响也很明显,尤其是在重点大学里。然而直到现在,中学里教授的仍是中世纪的数学,受到国家科学基金会和其他机构资助编写的实验教科书的挑战。当然,这意味着家长们开始感受到这些变化的影响,并好奇他们的孩子正在被怎样"新奇"的观念冲击着。如果这些变化仅仅影响大学里的研究生,数学界还可以按照众所周知的"象牙塔"方式发展。但是,当小玛丽和约翰尼每天上学带着爸爸妈妈都不能理解的数学书回家时(即使他们都从名牌大学获得学士学位),那一定是有什么令人奇怪的问题发生,校方有必要调查一下!

一个最根本的难题是,父母们往往不明白数学是人类自己创造的,而人类所创造的这种数学类型与其他任何适应机制一样,都是当时文化需求的产物。几乎每个原始部落都在某种程度上发明了数字,但只有数字作为苏美尔-巴比伦、中国和玛雅等古代文明发展的贸易、建筑、税收和其他"文明"附属物时,数系才被发明出来。在希腊型数学之前,苏美尔-巴比伦数学是最先进的。事实上,苏美尔-巴比伦数学是如此先进(正如我们近些年才发现的),以至于让人怀疑巴比伦的小玛丽和约翰尼的父母们,是否曾为证明他们所教观点的正确性而求助于寺庙抄写员。

可能没有哪门学科像数学那样更易受到教学好与坏的极端影响,而许多"糟糕"的教学都因未能激发出创造数学的热情而失败。教师自己对数学拥有激情是让学生对数学感兴趣的“必要条件”，如若不然，上再多的数学课也于事无补。

数学表达式需要非常精细复杂的符号技巧，这无疑是数学的一大难题。如果一名老师过分重视符号运算技巧的掌握，以至于忽视其概念背景，那他注定会令学生对数学兴趣索然，同时，也会让学生对所学的数学产生误解。另一方面，正如我们讨论数学进化时将明了的，在没有合适的符号系统（数系）建立之前，即便是最基本的数概念也不会有太大的发展。

怀特书中的一个例子恰好可证明这点，人与其他动物的区别就在于使用符号的方式。① 人类拥有我们可称之为“符号主动性”的行为，就是说人类会用指定符号来代表物体或观点，建立它们之间的关系，并在概念层面对其进行操作。但就目前所知，其他动物还不具备这种能力，尽管很多动物都表现出我们可称之为“符号反射性”的行为。因此，我们可以训练一只狗，在听到“躺下”指令后做出相应动作；对巴甫洛夫的狗来说，铃响意味着有食物。在几年前一本流行的杂志上，描述了一位心理学家训练鸽子通过按特定彩色按钮的组合来获取食物。这些都是符号反射性行为的例子，动物不会创造这些符号，但它们可以学着对其做出反应，就像对其他环境刺激做出反应一样。

数学作为我们文化的一部分，唯独依赖于符号且研究符号间的关系，数学或许是最不能被非人类动物所理解的。然而，我们许多原本属于符号主动性的数学行为会下降到符号反射性水平。我们记住乘法表，然后学习乘法和除法的专门方法（称为算法）。我们记住简单的分数运算规则和解方程公式。这些都是能合理节省劳动力的方法，专业数学家们经常会花费很多精力来发明它们。然而，专业数学家是明白他们发明这些方法的目的的，但学生仅仅学习这些方法却不知其所以然。学生需要符号主动性的理解过程，但却经常被置于符号反射性水平。

结果，大量被认为是“好”的数学教学变成了符号反射性的，而非符号主动性的。这种训练式的教学，可能让愚蠢的小约翰在数学上获得必要的学分，但也会使富有创新思维的小威廉感到厌烦，甚至达到厌恶这门学科的程度。教会人类用一种算法求一个数的平方根和训练鸽子按下特定颜色按钮组合来获取食物，二者之间有何本质区别呢？教授年龄很小的学生，也许强调符号反射性教学在某种程度上是合理的——因为这时的学生更接近所谓发展中的动物阶段。但随着学生逐渐成熟，当然应该更重视符号主动性的教学。

---

① WHITE, L. A. The Science of Culture: a Study of Man and Civilization[M]. New York: Grove Press, Inc., 1949: 303-315. 译者注：怀特的这本文集在“文化热”的20世纪80年代被中国学者们翻译出版，详见：怀特. 文化科学：人和文明的研究[M]. 曹锦清，译. 杭州：浙江人民出版社，1988. 或见：怀特. 文化的科学：人类与文明的研究[M]. 沈原，译. 济南：山东人民出版社，1988.

3. 数学的人文特征

在数学进化的过程中，形成众多人文特征，对其信徒而言，数学可以说扮演了人文学科①的角色。为防止上述表述被误解，我要说明这里用"人文"一词代表一种美学追求，数学通常作为艺术、文学或音乐的工具。简而言之，运用某类符号来展现美、简洁、和谐或其他类型常被看作满足审美的特性。

有证据表明，在这个意义上，甚至巴比伦数学就已开始具有人文特征。换言之，巴比伦数学家似乎有点儿沉迷于"纯粹数学本身"。如果让一个人选择数学里对生活中非数学事务几乎没用的部分，那么他可能会选择数论。对业余爱好者来说，它是数学中更易理解的内容，因为它只涉及"自然数"，即我们用来计数的数字1，2，3，…，显然巴比伦人在这方面开了个好头。

就像今天的数学一样，巴比伦数学也是一门科学，我更喜欢称之为一门关于数的科学（详见2.3.2小节），因为它只包含自然数及其关系，并扩展到用于度量和测量的六十进制分数及法则。或许我该解释一下，我认为"科学"是对物理或其他（例如社会）现实的概念理论或模型构建，通过适应和预测的方式，并且可能还包括旨在为检验理论和提供依据的描述性和实证性活动。起初，巴比伦数学并不是一门科学，至多只是一门由原始文化中部分数字词组成的科学。但最终巴比伦人发展了数的概念，这是一项非凡成就。我们所谓的"科学概念"已经进化，这一点很重要，因为它一旦诞生，人们就可以继续想象比物理世界所见的更大的数字，并进一步研究它们的"性质"。发现这些性质之后，人们就可以利用它们来"预测"，例如，预测一个泥瓦匠造一堵墙需要多少砖。再比如，现在人们知道如何通过加法和乘法组合数字，以及如何运用数学法则去获取贸易和建筑所需的相关信息。当然，我们今天认为这一切都是理所应当的，但对于巴比伦人来说，他们因为数学的进化而兴奋不已。在这个过程中，他们开始发现，他们的数字具有某些特性，展现出和谐、简洁的人文特征。尽管亚述学②研究还未能证明——巴比伦人或许未曾深入研究过这些特征。

公元前6世纪，希腊（大希腊③）的毕达哥拉斯学派对这方面的研究更加深入（见2.3.4小节）。他们的很多术语，例如，"亲和"数、"友好"数、"完全"数，

---

① 译者注：怀尔德这里用的Humanity一词通常指人文学科，为中文表述上与"科学"对仗方便，本书中有的地方我们用全称"人文学科"，有的则简称"人文"。怀尔德更为细致的讨论详见：Wilder R L. Mathematics: Science or Humanity? (1961) [A] // Raymond Louis Wilder Papers, 1914—1982, Archives of American Mathematics, Dolph Briscoe Center for American History, University of Texas at Austin. Box 86—36/26.

② 译者注：亚述学（Assyriology）是研究古代美索不达米亚地区语言、文字、社会和历史的学科，因起始于对亚述文字的研究而得名。

③ 译者注：大希腊（Magna Graecia; Great Greece）是指公元前8世纪至公元前6世纪古代希腊人在意大利半岛南部建立的一系列城邦的总称。

都带有浓厚的人文色彩。他们着迷于自然数所展现出无穷多样的奇妙特性，而且他们为自然数找到各种各样的新应用（如在音乐中），并最终赋予数字一种神秘特征，使其在他们学派的哲学中占据突出地位。毫不夸张地说，毕达哥拉斯数学（我们一定不要忘记，其中还包括几何）与其说是科学，不如说是人文学科。

如果我们把目光转向几何学的进化，会发现它同样具有从纯科学到人文的趋势。巴比伦数学中几乎没有我们称之为几何学的东西，仅有一套测量的规则，其重要性还不及计算一笔钱的利息的规则。但在希腊，从泥瓦匠、木匠和测量员使用的模式中抽象出三角形、矩形、多边形、正多面体等概念，最终进化成基于几个简单公理并运用演绎逻辑方法精心构造的理论。它现在是一门真正的科学，因为这一理论似乎很好地刻画了物理世界中可感知的模式。但它也表现出人文特质，并在其发展中发挥了重要作用。也许读者曾听说过毕达哥拉斯最终是如何发现一对线段的，无论选择多么小的单位长度，都不能精确地测量出“两条”线段的长度，即使精确测量了其中一条线段的长度，也不能测量另一条线段的长度。这样的一对线段称为“不可公度的”。例如，一个正方形的边长和同一正方形的对角线是不可公度的。由于毕达哥拉斯几何学已将所有线段都是可公度的这一假设作为其部分理论基础，这就产生了一种“危机”——只能通过构建一个承认不可公度性的新基础来化解这场危机。与此同时，芝诺关于直线段上有无穷多个点的悖论，也给数学科学的可靠性以致命打击。

现在我可以肯定的是，普通希腊人很幸福地并没有意识到这场危机，就像现代美国人没有意识到本世纪（指 20 世纪）初数学基础发展中的类似危机一样。可公度线段和不可公度线段之间的微妙差别，对木匠、工程师，甚至物理学家来说有什么用呢？他们知道长度的测量值只能是近似的，人们永远无法得到一个物理对象的精确数学度量，所以为何要为这种事费心呢？幸运的是，希腊哲学家——在那个时代数学家也是哲学家——不能容忍瑕疵，因为“不可公度”破坏了几何学这栋大厦的美，也使其失去简洁性。因此，他们着手重建几何学理论并提出解决方案，之后所有以几何学理论为工具的数学和科学都深受其影响。对希腊人具有强烈审美吸引力的演绎法被其他科学所采用，今天也有迹象表明，甚至社会科学也用公理化方法发展其理论。而对数学本身而言，公理化方法是当今最重要的研究工具之一。同时，我们也应该注意到数学的人文性在这里对其科学性的贡献。对完美的渴望导致了一种构建理论方法的发展，即公理化方法，没有公理化方法，现代数学和科学几乎无法发展。

让我们考虑另一个类似现象的例子，与我们通常所说的平行公理有关。它有很多不同的表达形式，可能最简单的一种表述是：如果 L 是一条直线，p 是直线 L 外一点，那么过点 p 有且只有一条直线与 L 平行且与 L 共面。欧几里得没能用这种方式准确表达平行公理，但他的表述与之等价。且有迹象表明，他对这个公理并不满意，从某种意义上来说，他怀疑平行公理可能没有必要。如果一个人陈述一些基本假设（公理），并打算以此为基础建立一种理论，那么他通常会倾向于不让任何公理成为其他公理的逻辑结果。这在专业术语上称为“独立性”,我们希望所有的公理都是“独立的”。因此,如果我们在一个理论中用一些可从其他公理推导出来的表述,并有意将其包含在这些公理中,那这些公理就不再是独立的。这样做并没有什么错,除非你认为这不符合“美学”标准。我们在数学中唯一这样做的,就是在教授某一主题是用公理系统作为基础的那些案例中,我们有时会把一个很难证明的定理放在公理之中。

再说回希腊人,他们显然觉得使用平行公理在美学上是很难令人满意的。人们普遍怀疑平行公理可从欧几里得《几何原本》所阐述的其他公理中推导出来,这种想法一直持续到后来几个世纪。

在试图证明平行公理可从其他公理推导出来的所有尝试中,最终尝试采取的方式表明,如在其他公理系统中加入平行公理的“否定形式”,就会产生矛盾,即经典的“反证法”论证方式。这些尝试中最著名的是意大利的萨凯里①,他在这方面的工作发表于1733年出版的一本书中,其拉丁语标题(*Euclides ab omni naevo vindicatus*)已被译为《免除所有污点的欧几里得几何》(*Euclid Freed of Every Flaw*)。人们从这个标题可以推断出,萨凯里自认为已达到预期目的,证明了欧几里得平行公理的否定形式会导致矛盾。而且这部作品是以下“定律”的最佳例证之一:“如果事实与理论不符,就必须予以处理。”②如果萨凯里没有完全相信平行公理的非独立性,那他可能今天会被视为非欧几何的发明者。但他不能让自己陷入这样的异端邪说之中,所以他“笨拙地在其证明中被迫引入一个令人难以信服的矛盾,其中涉及无限元素的模糊概念”。③

“真相”终会被发现,在19世纪前三分之一的时间里,至少有三个数学家,高斯、波尔约和罗巴切夫斯基,几乎同时发现这一真相,任何熟悉现代科学进化路径的读者,对此都不会感到惊讶。高斯是位明智的数学家,他不会犯萨凯里的错误。但他和萨凯里一样,也害怕自己陷入异端邪说,因此他从未发表过自己的研究结果。波尔约和罗巴切夫斯基都发表了他们的研究成果,且他们的想

---

① 译者注:萨凯里(Sacchei, Girolamo, 1667—1733)是意大利数学家,《免除所有污点的欧几里得几何》一书,深入讨论了初等几何、坐标几何、数学公理以及第五公设等问题。他采用另一条与欧氏公设等价的公理去代替第五公设,虽然试图证明的目的没达到,但对建立欧氏几何严密的逻辑体系和发展非欧几何有很大帮助。

② 可能归功于黑格尔,我对这一定律的认识源于心理学家N. R. F. 迈尔的表述。译者注:迈尔(Norman Raymond Frederick Maier,1900—1977)是美国实验心理学家,在密歇根大学获得了学士(1923)及博士学位(1928),1931年从芝加哥大学离开,加入密歇根大学。怀尔德这里引用的是“迈尔定律”,详见:Maier, N. R. F. Maier's Law[J]. American Psychologist,1960,15(3):208-212.

③ Eves, H. W. An Inroduction to the History of Mathematics[M]. New York :Rinehart and Co., 1953:124. 译者注:伊夫斯(Howard Whitley Eves,1911—2002)是美国数学家、数学史家。该书中译本详见:[美]霍华德·伊夫斯. 数学史概论[M]. 欧阳绛,译. 哈尔滨:哈尔滨工业大学出版社,2008.

法是如此相似，以致出现伴随而来对他们剽窃的怀疑和指控①。他们所研究的非欧几何现在被称为双曲几何。在大约20年后，黎曼发明了另一种类型的非欧几何，即椭圆几何，最终完成了非欧几何这幅画卷。

这是另一个以“美学”为主要动机的案例，对任何理智且正直的公民来说，追求美似乎是极度浪费时间的事情，比如音乐创作或诗歌写作(!)，即便是因为美学不易被“普罗大众”所欣赏。对那些所谓“务实”的人，倘若他曾听说过，可能也同样会把它看作浪费时间。然而，这些看似“不切实际”的问题中却存在着一条主线，那就是从古希腊几何平行公理独立性问题的提出，到波尔约、罗巴切夫斯基和黎曼在非欧几何中予以解答，再到相对论(以黎曼几何为基本工具)，并最终到核裂变的发展。如果需要一种论证来说服研究经费的分配者相信支持纯粹数学基础研究具有“实用性”，这类研究通常更多地与数学中的“人文”元素有关，那上述应用就是一个例证。当然，人们可能会觉得核裂变被发现是一场灾难。但我们不应该将其技术副产品的问题归咎于数学或科学，就像我们不应该把摇滚乐的责任归咎于音乐理论与实践一样。

对于“数学人文主义”，美学起主导作用，还可以举出很多例子。例如，根据民间传说，一位古希腊诗人曾讲述过，米诺斯国王对为他儿子建造的坟墓大小不满意，下令将坟墓大小增加一倍。他认为要做到这一点，陵墓的每一个“维度”都要增加一倍。由于认识到这是不正确的，希腊几何学家提出这样一个问题：一个立方体如何能在保持其立方体外形不变的同时体积增加一倍？因此，根据民间传说，产生了“倍立方体”的问题。根据一些历史学家的说法，米内克穆斯(亚历山大大帝的老师)为解决这个问题，发明了圆锥曲线②[然而，诺伊格鲍尔③推测该问题起源于日冕理论]。

现如今，不管这个问题的真正起源是什么，大概任何一个称职的希腊工匠都能复制出一个一模一样的立方体，至少对其目的来说已足够好，但希腊数学家们想要得到数学“精确”解法的同时满足审美要求。这又是对纯粹人文动机

---

① 有关此案例的有趣描述，请参见：Merton, R. K. Priorities in Scientific Discovery: A Chapter in the Sociology of Science[J]. American Sociological Review, 1957, 22: 635-659. 对于“在科学中，多重发现是一种规律，而非例外”这一说法，默顿还提供了一个很好的例子，可参见：Merton, R. K. Singletons and Multiples in Scientific Discovery: A Chapter in the Sociology of Science[J]. Proceedings of the American Philosophical Society, 1961, 105: 70-86. 译者注：默顿(Robert King Merton, 1910—2003)是美国著名社会学家，科学社会学的奠基人和结构功能主义流派代表性人物之一，曾任美国社会学协会主席(1956—1957)，默顿的博士论文《十七世纪英格兰的科学、技术与社会》的指导教师为乔治·萨顿。

② Eves, H. W. An Inroduction to the History of Mathematics[M]. New York: Rinehart and Co., 1953: 83.

③ Neugebauer, O. The Exact Sciences in Antiquity[M]. 2nd ed. Providence: Brown University Press, 1957: 226. 译者注：奥托·诺伊格鲍尔(Otto Neugebauer, 1899—1990)是奥地利数学家，为古代数学和天文学的历史研究做出了重要贡献，尤其以研究古巴比伦数学而闻名学界。

的追求,可能圆锥曲线对希腊人来说并没有其他用途。但如果希腊人没有发现圆锥曲线及其性质,那也许大约2000年后的天文学家开普勒就无法用圆锥曲线来描述自己的著名定律,可能也就不会有万有引力定律,更遑论制造出能够拍摄月球背面的“探测器”①。

对一个没有亲身体验过创造数学所带来的兴奋感的人来说,你很难告诉他音乐创作、抽象画创作和数学概念创作的体验是如此相似。也许还是不去尝试为好。这让我想起几年前,著名数学家埃米尔·阿廷在美国科学研究协会的演讲。虽然阿廷主攻代数学,但他也是一名拓扑学家。纽结和辫的性质与分类一直以来都是拓扑学关注的焦点,阿廷成功地对辫进行完全分类(纽结尚未完全分类)。他在演讲中详细地描述了他研究辫的相关工作。由于他非常善于表达,所以他所说的大部分内容对他的听众(大部分都是非数学家)来说都十分清晰。但有一次,一个人起身问道:“您的演讲非常有趣,但这样的工作到底有什么用呢?”阿廷回答道:“我以此为生!”②幸运的是,阿廷意识到争辩是徒劳的。

许多专业数学家认为数学是一门艺术,这并不奇怪,数学创造无疑与音乐、绘画等艺术追求有很多共同特点。此外,数学中许多超前灵感都源于创造者的艺术冲动。其他科学领域的创造性工作亦如此,特别是当创造者需要建立庞大的理论体系时,理论物理就是一个很好的例子。然而,人类活动的“文化”重要性与意义根本不是由实践者的个人动机所决定的。从文化的视角来看,更重要、更根本的是这些活动在其所属文化中所扮演的角色。例如,对其信徒而言,宗教的重要之处通常在于它给予信徒们情感上的满足与慰藉。然而,作为一种文化的基本组成部分之一,宗教更是展现文化一致性、整体性和凝聚力的一种手段。同样地,虽然从数学家个体立场来说,数学的人文特征可能更为重要,但在我们的文化中,数学的功能主要还是作为一门基础性科学(它与其他科学一起得到国家科学基金和其他机构的支持即为明证)。

---

① 有关这一内容的有趣分析和案例可参见:Boyer, C. B. Mathematical Inutility and the Advance of Science: Should science entice the mathematician from his ivory tower into Solomon's House? [J]. Science, 1959,130(3366): 22-25. 译者注:博耶(Carl Benjamin Boyer,1906—1976)是美国著名数学史家,曾任国际科学史协会副主席(1957—1958),国际科学史研究院院士(1961)。怀尔德这里用的“探测器”一词Lunik 指的是苏联20世纪发射的系列月球探测器。

② 译者注:德州大学奥斯汀分校保存的怀尔德手稿显示,他曾在一个“数学文化学与历史”的研究注记中,试图把数学家进行分类。第一种是创造型(Inventive Type)的数学家,如菲利克斯·伯恩斯坦(Felix Bernstein,1878—1956),第二种是哲学型(Philosophic Type)的数学家,如布劳威尔(Luitzen Brouwer,1881—1966),第三种是艺术型(Artistic Type)的数学家,如阿廷(Emil Artin,1989—1962)。详见:Wilder R L. History and culturology of mathematics[A]// Raymond Louis Wilder Papers, 1914—1982, Archives of American Mathematics, Dolph Briscoe Center for American History, University of Texas at Austin. Box 86—36/23.

我倾向于认为,这也是所谓的纯粹数学和应用数学之间分裂的原因之一,有时也威胁其发展;作为一个缩影,在广泛的大学群体中"科学"和"人文"间存在分裂,有时也威胁其发展。不管在数学还是其他领域,都已进入"专业化"时代。"精通数学所有分支"的天纵英才已经不会再出现。普通数学家只希望在有限时间内尽可能获取广泛的数学基础知识,以期在自己年老力衰之前能在这些知识前沿领域中有所进展。于是,数学家们不仅被细分为代数学家、几何学家、分析学家、逻辑学家、统计学家等,且每个类别还可再分子类。然而,这里我指的是数学被宽泛地分为"纯粹数学"与"应用数学"两类。

显然,要定义"应用数学"这一术语是不可能的。在"数学史的美好时光"里也没这个必要,因为自从"数学家"一词变成一个重要称呼以来直至现代,"纯粹数学"和"应用数学"通常被认为是共同建立的。我认为这是一个非常健康的状况。由于数学深深根植于所处的物理环境和社会环境,所以我们可以从中找到新的思想源泉。巴比伦的"数字科学家"依赖其环境背景进行思考,最终从他在自然数中发现的性质里获得灵感。而且只要一个数学家以这种方式工作并发展其理论基础,我就称他是一个应用数学家,但他持续关注其环境背景,只是为了从理论与理论模拟环境那部分的相互作用中获取灵感。当他变得非常沉迷于数学概念,以致只局限于研究其性质而不考虑环境背景,那他就变成了一个"纯粹数学家",对他来说数学的人文特征至关重要。

数学进化的大致状况揭示了这点。它展现出如下趋势,数学从环境中建构概念后,将这些概念概括至更高的抽象层次。在纯粹数学领域,这些概念似乎具有生命力,数学家有时会感到自己的研究被这些概念所引导,而不是他引导概念!例如,发现无线电波的海因里希·赫兹说:"人们不可避免地感觉这些数学公式是独立存在的,它们具有自身的智慧,它们比我们更聪明,甚至比其发现者更聪明,我们从它们那里收获的比当初在它们身上投入的更多"①。实际情况是数学已将自身概念融入所谓的现实世界,因此它的应用领域不仅包括物理环境和社会环境,还包括文化环境,越来越多的数学理论本身已成为文化环境的一部分。因此,有种观点认为,仅将数学分为科学的和人文的两个方面,是为争论而设置的一种人为二分。这二者是不可分割的。②

---

① Bell, E. T. Men of Mathematics: The Lives and Achievements of the Great Mathematicians from Zeno to Poincaré[M]. New York: Simon and Schuster, Inc., 1937:16. 译者注:该书中译本详见:E. T. 贝尔. 数学精英[M]. 徐源,译. 北京:商务印书馆,1991. 或见 E. T. 贝尔. 数学大师——从芝诺到庞加莱[M]. 徐源,译. 上海:上海科技教育出版社,2004.

② 译者注:1961 年,怀尔德在美国佛罗里达州立大学做访问教授(1961—1962)期间,曾为美国大学优等生荣誉学会(Phi Beta Kappa)做过一次题为"数学:科学还是人文?"的演讲,指出割裂数学的科学性和人文性是不对的,虽然他认为当前数学的"人文"方面比"科学"方面更宝贵,但这二者是不可分割的,如果试图将数学中的"人文"倾向分离出来,只留下裸露的"科学"骨架,那么数学研究就会消亡。详见:Wilder R L. Mathematics: Science or Humanity? (1961)[A]// Raymond Louis Wilder Papers, 1914—1982, Archives of American Mathematics, Dolph Briscoe Center for American History, University of Texas at Austin. Box 86—36/26.

4. 数学教育的现代“改革”

前面提及纯粹数学与应用数学间的对立可能造成一些影响，在涉及中学课程现代化的尝试中产生分歧。“改革者”的态度似乎认为“糟糕的”教学未必是教师的错，而更有可能是因教师的背景及其教学素材都缺乏足够现代的概念性材料。这并不是说要用新的数学来替换代数、几何和三角学，而是要让他们从一种现代方法中受益，这种方法能让人们意识到直观理解概念背景的重要性。“改革”的一位主要批评者曾讽喻地承认：“我们的数学老师教的是木艺而非建筑，调色而非绘画。”①

对现代化的强烈需求似乎有一种文化原动力，这不禁令人猜测，对现代化的反对注定是无济于事的，因为正在发生的一切具有一种文化变革的全部特征，而我们无法改变这一变革进程。如果数学可通过这种新方法更易掌握，那小学课程将注定涵盖比以往更丰富的内容。如前所述，大学对改革的反应要积极得多。在这方面，有些事实是很有趣的。②

1843 年的威廉姆斯学院，大学一年级开设平面几何和立体几何，以及现在被认为是高中代数的课程；大二开设欧几里得几何和一些航海、测量、球面三角学、圆锥曲线的课程。到了大三，只有三分之一的时间在学数学，包括天文学和一些“流数”，后者是牛顿对微积分的称呼。到了大四，学校不开设数学课程。在欧柏林大学，除了不教流数，情况也一样，所以也根本没开设微积分课程。普林斯顿“很有先见之明：他们把流数称为微分和积分学。但只用大三的一半时间来学习微积分，且只给大四学生开设天文学课程。”

因此，“在大学头两年的大部分时间里，学生都在学习现在高中教的知识……学生在大学学到的数学不会超过微积分领域”，而且“尽管事实是数学、希腊语和拉丁语几乎成为大学教育的全部内容”。直到 1876 年约翰·霍普金斯大学开设数学研究生课程，人们才能获得超越微积分的数学知识。与此形成鲜明对比的是，如今许多预科学院都开设微积分课程，而且微积分正逐渐进入

---

① 莫里斯·克莱因，纽约大学校友新闻，1961 年 10 月。译者注：莫里斯·克莱因(Morris Kline，1908—1992)是美国著名数学史家，其《古今数学思想》《西方文化中的数学》等著作广为流传，对当时美国数学教育改革中的新数学运动持批评意见，写有系列批评文章和两本著作 *Why Johnny Can't Add: The Failure of the New Mathematics*(1973)，*Why the Professor Can't Teach: Mathematics and the Dilemma of University Education*(1977).

② 可参见斯坦利·奥格威在美国大学优等生荣誉学会的汉密尔顿学院分会所做的演讲，刊登于《重要报导》(*The Key Reporter*)杂志，第 25 卷(1959—1960)。译者注：斯坦利·奥格威(C. Stanley Ogilvy，1913—2000)是美国数学家、航海家和作家，汉密尔顿学院的数学教授，曾是美国大学优等生荣誉学会的会员，他在威廉姆斯学院获得的是文学学士学位。

大量公立高中，只要学校里有会讲微积分的教师。

这些事实都是普通大众能理解的数学不断进化的例证。然而，尽管它们可能被称为数学教育进化的合理成分，但它们本质上同数学自身进化的轨迹并不相同。对后者而言，人们必须研究数学及其历史，观察它是如何在自身内部和外部动力影响下进化的。为达到这一目的，我们研究数学中最简单的那部分，即数概念和几何概念的进化。因此，本书将在这些领域引用历史案例，而且重点放在数概念领域——人类智力成就中最深刻、最基本和最有用的领域之一。

◎ 目录

预备概念

第1章

为使本书后续使用的专业性术语不让读者费解，本预备章节将简要介绍一下人类学中的基本文化理论和不同位值制的计数方法。已熟悉这些知识的读者可跳转至第2章。

1.1 文化的概念

"Culture"一词①有多种用法，比如用于农业（土地的耕作）、生物学（微生物群的培育）和社会（例如，有"教养"的人），但本书中"文化"这一术语的使用将完全是人类学意义上的，或者我们应该说是某种人类学意义上的，因为人类学家对这一术语给出过不同的定义。② 可能在人类学文献中，这一术

---

① 译者注：英文"Culture"一词来源于拉丁语"Cultura"，原意包括土地的耕作、植物的栽培、动物的驯化，后引申为对人的培养和教化。

② Kroeber, A. L., Kluckhohn, C. Culture: A Critical Review of Concept and Definitions[R]. Papers of the Peabody Museum of American Archaeology and Ethnology, Harvard University, 1952, Vol. 47, No. 1. 译者注：阿尔弗雷德·路易斯·克罗伯（Alfred Louis Kroeber,1867—1960）和克莱德·凯·梅本·克鲁克洪（Clyde Kay Maben Kluckhohn,1905—1960）都是美国著名人类学家，他们对1871—1952年这80年间世界各地学者对文化的定义进行了统计，有164种，大致有描述性的定义、历史性的定义、规范性的定义、心理性的定义、结构性的定义和遗传性的定义六种，在此基础上他们提出了他们的文化定义：文化是由外显和内隐的行为模式构成的，这种行为模式通过象征符号而获致和传递；文化代表了人类群体的显著成就，包括它们在人造器物中的体现；文化的核心部分是传统的（即历史地获得和选择的）观念，尤其是它们所带有的价值；文化体系一方面可以看作是活动的产物，另一方面则是进一步活动的决定因素。

语最常见的含义是:由某些相关因素(或很多因素)维系在一起的那群人(比如:同在一个原始部落、地理毗邻或拥有共同职业的人)所共有的一系列习俗、仪式、信仰、工具、“风俗”等“文化元素”的总称。

1.1.1 文化作为有机整体

在上述文化定义中,弄明白“由某些相关因素维系”这一短语的含义非常重要,这意味着这些文化元素不是相互独立的,而是构成一个整体,各元素间以多种多样不易察觉的方式相互关联、彼此影响。因此,中国饮食习惯、普韦布洛①陶器和英国餐具的集合不会形成一种“文化”,尽管它们分别是中国文化、普韦布洛文化和英国文化的构成元素。但这些文化元素作为“同一”文化(如英国文化)的元素,通常会相互影响彼此的发展与利用。更宽泛来讲,我们可援引原始部落的技术状况(如农业的)与其宗教信仰和仪式间的关系为例。作为同一群体的文化元素,它们彼此间有着深刻的影响。

一种文化的文化元素间如何相互影响可能并不明显,而且通常只有社会学家才对此感兴趣。然而,这种相互影响的关系确实存在,并使一种文化成为一个有机整体,在那些承认这种关系且公开化的特定文化元素案例中极易得到证明。例如,汽车的引进影响了美国文化,这在公共媒体上已被再三讨论。

1.1.2 文化与群体间的关系

或许最不为人所理解的,也肯定最有争议的就是拥有文化的人(即文化群体)与文化自身的关系问题。为引出所涉及的各种问题,首先应阐明这里至少有四类对象:(1)文化关涉的特定群体或团体;(2)群体中的个人;(3)群体所拥有的文化;(4)文化元素。对于(1)(2)(3),人们通常能很精确地判断所涉及诸如此类的群体(顺便说一句,为简洁起见,请注意我们这里忽略了可能在整个群体和其个体层次上出现的各类子群体)。关于(4)我们必须能正确判定什么可被视为文化的构成元素。如何做到这点通常取决于我们的目的。例如,在美国城市社区文化中,出于某些目的,将所有宗教表现都归为一个主题就足矣,即文化的宗教元素。然而,出于其他一些目的,可能就有必要在更深层次上将基督教、犹太教、佛教和其他宗教作为文化元素加以区分,或者,若想得到还可在更深层次上区分天主教元素、浸信会元素②等。同样地,所有科学活动都可合在一起被视为一种文化元素,或针对正在研究的特定问题,可能有必要将科

---

① 译者注:普韦布洛(Pueblo)是个美洲印第安人部落,该词源于西班牙语,意思就是“村落”。

② 译者注:浸信会(Baptists)是17世纪从英国基督教清教徒独立派中分离出来的一个主要宗派,因其施洗方式为全身浸入水中而得名。因此,天主教和浸信会都是基督教的分支。

学的学术一面视为一种文化元素,而应用在工业实验室实践中的科学则被视为另外一种文化元素。

在"文化"一词本身的使用上,或许最能体现这些约定的灵活性。在一种语境下被认为是文化元素的东西,在另一种语境中则可能表示总体文化。我们之前谈到过城市社区的文化。可如果有人将美国文化作为一个整体来研究,可能会说"城市元素"是构成美国整体文化的文化元素之一。特定城市的社区文化因而变成这种文化元素的某一部分。

毫无疑问,最难的问题是厘清(1)和(2)与(3)和(4)之间的关系,确切来说就是(1)和(3)、(2)和(3)、(1)和(4)、(2)和(4)之间的关系。对(1)和(3)来说,例如有人可能会问:"人们从哪里得到文化?"从祖先那里继承来的,无疑是个参考答案。这是显而易见的,比如语言和宗教。但文化并非一成不变,即便是语言和宗教也会经历某些转变,尽管过程可能比较缓慢。回想一下我们使用的"有机整体"这一术语,有机体的本质就是不断变化。正如美国当代文化肯定与1900年的文化不同。

现在我们重点讨论之前提到过的两个文化元素:语言和汽车。语言的长期变化能明确表现出"规律",这是语言学家早就知道的一个奇怪现象。谁或哪种人使用这些语言似乎都一样。几个世纪以来,语言的变化遵循着特定模式("规律")。另一方面,有很多例子表明个别词是由个别人引入语言中的,比如"常态"一词就是由已故总统哈定①引入的。稍作分析就会发现哈定是从已存在的单词和单词形式中获得这个词的,就像医学研究者可能会从已知的拉丁语或希腊语单词中发明一个术语一样,这个术语最终会变成大众词汇(如"关节炎""细菌"等)。然而,语言学家对个人如何引入单词并不感兴趣,他更在意语言元素(因素、词汇等)的构成方式和进化方式。

汽车的例子很有趣,因为它的进化史众所周知,且它不是单独个体的发明。在发明汽车之前,必然存在一些名副其实的其他文化元素。除了显而易见的机械专有技术与小设备(齿轮,切削工具等),适用燃料的有效性及其化学成分知识也是必要的。同时,经济需求与可接受性使得这项发明的销售成为可能。简而言之,我们可断言当时西方文化(现在包括英国、法国等,以及美国)的状态包含诸多复杂元素(机械的、经济的、化学的)和自然资源,以及它们之间已形成的各种关系,甚至"预想"出我们现在称为汽车的前身。此外,可以有把握地

---

① 译者注:沃伦·甘梅利尔·哈定(Warren Gamaliel Harding,1865—1923),美国第29任总统。1920年5月14日,俄亥俄州共和党参议员、总统候选人哈定发表题为"回归常态"的讲话,希望美国在经历十年进步政治和外国干预后能够回归"常态"(normalcy)。也有学者认为normalcy来源于1855年的一个数学定义,在数学中代表法线、正态。

推测，任何一个，甚至全部所谓的汽车发明者都可能幼年夭折，然而汽车还是会被发明出来。关于飞机也可做类似讨论。奥维尔·莱特和威尔伯·莱特兄弟被誉为第一架"可飞行"飞机的发明者。尽管如此，他们的成就无疑依赖于已知的文化元素，而且就像汽车的情况一样，当时西方文化领域正在广泛研究如何成功制造一台"比空气重的飞行器"问题。

如此考量仅仅暗示了群体与其文化间关系问题的复杂性。显然，文化是人们从祖先那里继承下来的"东西"，人们从祖先那里获得语言、宗教、社会习俗、技能、工具，而且如果祖先足够"文明"的话，还有他们的数学。但这些传承给人们的"东西"构成其全部生活方式，他们不仅要依赖所继承的文化而生活，而且能取得"进步"的唯一途径就是在这种文化的框架内工作。此外，他们所能做出的改变或改进，也受他们所继承文化的状况限制。仔细分析所有情况表明，文化已为这些改变做好"准备"，这点在重大变革情形下尤为明显。许多微小改变确实可能由个体完成，比如在语言中引入新单词，但即使在这种情况下也通常可以发现文化的影响（就"常态"这一术语而言，如果不是因为当时美国的经济和政治形势，哈定根本不会想到这个词）。

1.1.3 文化"生命"与人类"生命"的对照

群体与其文化间相关联的另一重要事实在于（除非发生灾难性事件），即使文化关涉群体在有限时间内完全被一个新群体——他们的后代——所取代，但其文化仍然存续、不断发展。因此，从某种意义来说，文化独立于拥有它的群体，至于那些没有承载群体就不能存在的文化除外。人类学家一致认为，构成群体的个体身份并不是文化进化路径的影响因素。人们可以想象，如果在一个特定社会里，生活在特定时间的所有人从未出生过，而是在受孕过程的生命竞争中被一个潜在的兄弟或姐妹取代了，那么文化的现状仍将基本相同。一旦我们得出这一结论，自然就会出现一个问题：是否存在类似于文化中语言元素的"规律"，来"支配"文化发展的方式？换言之，该问题也可表述为：是否有可能建立一种类似于生物进化论的文化"进化"论呢？

在这一点上有必要指出，现代社会没有哪种文化是独立存在的，就像个人一样，它总要与其他文化不断接触，正如一个人通过社交从另一个人那里获得新想法一样，一种文化也会从其他文化中汲取新元素。如果文化 A 比文化 B 制造的捕鼠器更好，而文化 B 发现了这一点，那么文化 B 肯定会照搬这一设计。当然了，需要假定文化 B 有生产捕鼠器的可用材料和人力等，且它亦深受鼠患困扰。因此，在探寻文化进化的"规律"时，有必要考虑它所受其他文化的影响。

1.2 文化变迁与文化增长的进程

正如人们所料，一个文化满足下列情形就会发生巨大变革：(1)是与最多量的其他文化接触，且/或(2)获得最多样的文化元素。在情况(1)下会发生文化传播①，即概念和习俗从一种文化传递到另一种文化；在情况(2)下会因文化元素多样性导致彼此间的传播（美国文化的商业元素利用“纯”科学成果就是个例子，比如电视机对戏剧的影响）。在古代，文化传播往往通过贸易或战争媒介实现；在现代，传播文化的工具几乎是不胜枚举的，其中贡献最突出的是旅游、印刷媒介、广播和电视。

如果采纳文化元素 E 能更高效地实现文化 B 的目标，那么文化元素 E 从一种文化向邻近文化（比如从文化 A 到文化 B）传播的可能性自然会大大提高。例如，如果 A 是西班牙文化，E 是马，B 是依靠狩猎获取食物的一种印第安文化，那么将马匹作为获取食物的一种手段（以及抵御敌人）会获得更高的效率。但在普韦布洛文化中，他们发达的农业提供了充足的食物，对马的使用并没有从西班牙文化传播进来。

在其他情况下，新文化元素的采纳可能只会产生局部影响，其优势足以吸引主体文化的某部分使它向其进行传播，但不能被整体文化所吸纳。考虑如下案例，文化 B 是美国文化，文化元素 E 是公制度量。我们的科学“子文化”采纳了公制，但整个美国文化却没有。② 就整个美国文化而言，这是人类学家称为文化滞后的一个例子，因为改成公制最终会带来明显的优势。这种抵制变革的“文化滞后”，可被认为是一种保守主义，毫无疑问，对一种文化而言，文化滞后具有生存价值。用克罗伯的话说：“一种文化是如此的易变和求新，它可以不

---

① 我们不纠缠于讨论“文化适应”“同化”“传播”等术语间的差别，而是笼统地使用后者。由于本书的讨论是针对一种特定文化元素——数学，而非人类学专著，我们不得不尽可能简化术语，避免文化学常规研究所需的术语细化。[我们发现：当我们游历于两种文化间追溯某种文化特质、文化复杂性或文化制度的命运时，我们称为传播研究。详见：Kroeber, A. L. Anthropology: Race, Language, Culture, Psychology, Prehistory[M]. New York: Harcourt, Brace, 1948: 426.]

② 译者注：公制亦称“米制”，是一种以 10 为幂的国际单位制。1795 年 4 月 7 日法国国会颁布米制条例，1875 年 17 个国家在巴黎签订米制公约，于 1876 年 1 月 1 日生效。但美国文化仍然保留英制度量的使用，例如英尺、英寸、英镑、盎司等。1858 年《中法通商章程》签订后，公制传入中国，我国于 1984 年 2 月废止市制，规定以米制为法定计量单位，但市制单位的里、丈、尺、寸，顷、亩、分、厘，担、斤、两、钱等还在日常生活中被广泛使用。

断地改变其宗教、政府、社会阶层、财产、饮食习惯、礼仪和伦理，或者基本可在每个人的一生中改变它们……在这种情况下文化生存似乎没有吸引力……而且由于缺乏必要的连续性，它在与更稳定的文化相比或竞争时可能不会存在很长时间。”①

文化元素传播中一个更明显的阻碍可称为“文化抵制”。尤其是在采纳新元素以取代文化中服务相同目的的旧元素的情况下，这种抵制更为明显。这里包含克罗伯所描述的那类文化滞后，但除滞后之外，实现文化目标的效率可能也没有明显提高。这方面的例子宗教领域就有，因为任何传教士都可作证。当然了，文化传播可能通过强行施加的媒介发生。这方面的例子在军事征服史上比比皆是。且当强制接受新元素而需将服务于相同目的的旧元素驱除时，文化抵制的力量就显得格外显著。因此，今天的人们可以看到，在美国西南部的普韦布洛文化中，古老的普韦布洛宗教形式与400多年前由西班牙征服者带来的罗马天主教共存并混杂在一起。

在伴随军事征服的文化传播中，经常观察到一个有趣的现象那就是反向传播——从被征服者向征服者。特别在数学领域更是如此。尽管7世纪穆斯林的征服伴随许多不幸的破坏，但若征服者没吸收被征服民族的大量数学知识，可以推测，许多古希腊和古印度的数学作品可能就永远散佚了。

很明显，如果我们试图要建立一种文化进化论，就必须考虑诸如文化传播、文化滞后和文化抵制等进化“动力”。但要回到一个基本事实，即一种文化的承载者、拥有这种文化的人，一代接一代地死去，我们不禁要问：是什么使得文化进化成为可能呢？例如，飞机是如何从莱特兄弟那架简陋的“比空气重的飞行器”发展到今天令人惊奇的航天飞机呢？显然是因为有种媒介可将一群科学家和技术专家的技能与知识传递给另一群科学家和技术专家，这种媒介不仅包括书面语和口语，还包括数学、化学、工程学之类学科的符号。后者所有这些都可追溯到人类运用符号的能力上（可比较引言“2.学校数学”中关于“符号主动性”的论述）。至于人类是如何、又是为何发展出符号表征能力的，目前尚不清楚。但正是这种能力使人类能够“概念化”，并将其概念传递给自己的同事和孩子。“符号化”不仅使多元文化成为可能，而且为它们的延续与发展提供了手段。②

---

① Kroeber, A. L. Anthropology: Race, Language, Culture, Psychology, Prehistory[M]. New York: Harcourt, Brace, 1948: 257.

② 详见：White, L. A. The Science of Culture: a Study of Man and Civilization[M]. New York: Grove Press, Inc., 1949: 22-39.

人类学家已经构建了文化进化论,其科学上的重要性可被证明与人们更熟悉的生物进化论一样伟大。① 事实上,一部完整的人类进化史现在必须同时考虑到人类的文化进化与生物进化,这在很大程度上是由于二者间存在着不容忽视的彼此影响。

1.3 数学作为一种文化

在我们讨论“文化”的人类学意义时,我们指出了“因某些相关因素而关联”这一短语的重要性,并将“共同职业”作为可能的相关因素之一。当今最重要的“共同职业”之一就是“做数学”。而那些做数学的人——“数学家”——不仅是数学文化元素的拥有者,而且当他们凭自身实力被看作一个群体时,也可以说,他们可被视为一种文化的承载者,即数学文化的承载者。

然而,无论把数学称为一种文化亦或文化元素,都没什么区别。重要的是要观察到,正如研究一个群体文化时可视其为一个有机整体,数学也可以被视为一种文化或文化元素。此外,在研究像数学一样具有独特特征的文化元素的进化时,似乎可能揭示出整个社会文化进化中要么不明显、要么没重大意义的形式与过程。因此,人们会发现在文化进化中被公认为有效的动力,比如传播,在数学进化中也同样重要。当然其他的动力,比如概括、整合和多样化(见第5章5.4节),在数学进化中也有着特殊的作用。同样可预见的是,符号化在数学概念的进化中将发挥非常重要的作用。因为随着一门科学变得越来越抽象,而数学也以抽象著称,那么它就会越来越依赖一类精心设计的符号体系。诸如传播、文化滞后和文化抵制等动力在数学进化中究竟有多重要,只能通过考察数学史来确定。

---

① 例如,见:Childe, V. G. Social Evolution[M]. New York: Henry Schuman,1951. 或 Huxley, J. S. Knowledge, Morality and Destiny[M]. New York: Mentor Book, 1957: 56-84. 或 Sahlins, M. D., Service, E. R. Evolution and Culture[M]. Ann Arbor: University of Michigan Press, 1960. 或 White, L. A. The Evolution of Culture: the Development of Civilization to the Fall of Rome[M]. New York: McGraw-Hill, 1959. 译者注:戈登・柴尔德(Vere Gordon Childe, 1892—1957)是英国考古学家,曾任伦敦大学学院考古学院院长,作为英中友好协会的副主席,对中国考古学和世界史学科的建设影响很深。朱利安・赫胥黎(Sir Julian Sorell Huxley, 1887—1975)是英国生物学家、人道主义者,曾任第一届联合国教科文组织首长(1946—1948)。马歇尔・萨林斯(Marshall D. Sahlins, 1930—2021)和艾尔曼・塞维斯(Elman Rogers Service, 1915—1996)都是美国著名的文化人类学家。

1.4 数　　系

现代文化元素中最精彩、最巧妙的元素之一就是十进制数码体系。这是我们认为理所当然的事情之一，就像我们呼吸的空气一样。一般人对十进制内在特性的了解可能比他对空气中化学成分的了解还少。十进制的进化需要许多不同文化的参与和四千多年的时间跨度！十进制最了不起的是我们只需用十个数字(0,1,…,9)就可表示“任意”数，不管这个数有多小或多大(这是当今核研究和太空旅行中一个重要的考虑因素)。

它是由什么组成的呢？这需要两部分知识，即“基数”(在十进制中是数字10)和“位值”。考虑数字4325，可以说成四千三百二十五。我们为什么不说“三”千“四”百二十五呢？这是由4和3所处的“数位”或“位置”规定的，也就是我们幼时所学的“规定”。也许读者还记得老师说过的“对于4325，4在千位，3在百位，2在十位，5在个位”，而“4在千位”意味着4代表4000，或者说4325中的4代表4×10×10×10，或用数学家的缩写写成4×10^3。同样，在4325中，“3在百位”意味着3代表300或3×10×10，可缩写为3×10^2；4325中的2代表2×10，出于形式化需要，我们也可以把它写成2×10^1，而5只代表5个单位。熟悉初等代数的读者都还记得，它可以写成5×10^0(因为通常对任意数$n>0$，$n^0=1$)。

现在，数字43250与4325不同，因为0导致4325中的每个数字都向左移动一位，使得4处于“万位上”，即4表示4×10,000(在10,000中插入逗号仅仅是为方便计算数位，没有其他意义)。同样4×10,000可缩写为4×10^4。由此可见这里的符号0有多重要。接下来我们会看到，早期的巴比伦人并没有想出这样一个符号，如果必须用符号4325同时表示43250和4325，那么我们就会陷入巴比伦人同样的窘境，只能期望从使用符号4325的上下文去推断它指的是数字43250还是4325。

当今天我们看到符号4325时，我们理所当然地认为所指数字是以10为基数的，也就是说

$$4325=4\times10^3+3\times10^2+2\times10^1+5\times10^0$$

但若我们被告知符号4325要“以7为基数进行解释”，这意味着什么呢？这就意味着

$$4325 = 4\times7^3 + 3\times7^2 + 2\times7^1 + 5\times7^0$$

由于在我们的文化中,我们从小就一直使用十进制,所以必须把这个表达式转换成十进制才能理解其含义,即

$$4\times343 + 3\times49 + 2\times7 + 5\times1 = 1372 + 147 + 14 + 5 = 1538$$

更广泛来说,如果我们把 4325 理解为一个由基数 b 表示的数字,其中 b 是大于 5 的任意数,那么

$$4325 = 4\times b^3 + 3\times b^2 + 2\times b^1 + 5\times b^0$$

那么,为何要在前面的句中插入短语"b 是大于 5 的任意数"呢? 这是因为基本符号("数码")的个数总是要"与基数相同"。在以 10 为基数的情况下我们有 0,1,…,9 这 10 个数码。对于基数 7 我们只需要数码 0 到 6,而对于基数 4,只需要数码 0,1,2,3。由此就得出一个结论:最简单的情况是基数为 2(除非我们恢复到原始计数,否则这就可以被认为等同于使用基数 1)。对于基数 2,我们只需要两个数码 0 和 1。使用 2 为基数时,符号 4325 没有任何意义,因为数字 4,3,2 和 5 都不属于基本符号 0,1 之一。但我们可用基数 2 表示十进制数 4325,或者我们通常所说的,在"二进制体系"中,它将被表示为特定数组 1,000,011,100,101(同样,逗号除方便解释位值制外,没有其他意义)。为看清这点,我们从"右"开始,第一个 1 是在个位上,表示 $1\times2^0 = 1$。下个 1 为右数第三位,因此表示数字 $2^2 = 2\times2 = 4$(请记住,我们正在转换为"十进制"数字!)。再下一个 1 为右数第六位,即

$$2^5 = 2\times2\times2\times2\times2 = 32$$

以此方式继续下去,最后一个 1 为右数的第十三位,因此表示 2^{12},用"十进制"表示即为 4096。

我们通常不用二进制的原因显而易见,因为我们的文化"给我们强行灌输了十进制",尽管这种措辞不够确切。或者可以这样说,即使在我们可以自由选择的情况下,没有普遍使用二进制的原因依然非常明显。因为随着数字增大,在十进制中表达这些大数所需的数码比在二进制中少得多。因此,如果可在二者间做选择的话,我们肯定会选择十进制而非二进制。

事实上,如果这个问题可以选择的话,我们可能既不会用十进制也不会用二进制。也就是说,出于通常目的,我们可能会考虑十二进制,它的基数为 12。当然,这个体系需要 12 个数码:十进制已使用的 0,1,…,9 十个数字,再加上另外两个符号,X(音:dek)和 ε(音:el)。在大多数情况下,它比我们的十进制要

优越得多且应用甚广,因此已为其提供了对数表和其他函数表。① 如果大自然为我们每只手创造出 6 个手指,而非 5 个,那我们今天可能会在大多数情况下使用十二进制。②

二进制常被用于科学目的。它不仅是计算机操作的基础,而且在数学理论中也非常有用。

假设在上述数码论述中获取信息的读者,还希望了解如何扩展到分数表示上,那么这里补充说明对数字 32. 4126 含义的阐述。小数点用于将数字的整数部分 32 与小数部分 4126 分开。如前所述,整数部分代表 $3\times10^1+2\times10^0$。要解释小数部分 4126,可像读取温度计一样,也就是使用负号,即

$$4\times10^{-1}+1\times10^{-2}+2\times10^{-3}+6\times10^{-4}$$

学过初等代数的读者可能会记得,符号 a^{-b} 与符号 $1/a^b$ 意义相同($a=0$ 除外)。所以

$$10^{-1}=1/10,10^{-2}=1/10^2=1/100$$

依此类推。对其他基数也采用同样的步骤。因此,对于基数 7,数字 32. 4126 表示

$$3\times7^1+2\times7^0+4\times7^{-1}+1\times7^{-2}+2\times7^{-3}+6\times7^{-4}$$

用十进制表示即为

$$3\times7+2+\frac{4}{7}+\frac{1}{49}+\frac{2}{343}+\frac{6}{2401}$$

现在,为了不使读者怀疑我们是在“欺骗”,我们应当对先前关于十进制(同样适用于其他进制,如十二进制和八进制)能表示“任意”数字(无论大小)的断言增加一条说明。由上述讨论可知,十进制可表示我们所希望的任意大的“计数数字”,即 1,2,3,…。同样地,使用上述用于解释的小数点和符号,我们可以得到任意小的数字,例如 0. 1,0. 01,0. 001,0. 0001 等(使用越来越多的零)。然而,如何用十进制表示简分数$\frac{1}{3}$,或“更糟糕的”$\sqrt{2}$呢? 这些数字导致所谓的无限小数,为了正确理解这些数字,本书将在第 4 章再进行详细阐释(在讨论“实数”的时候)。在那之前,我们只需理解基数和位值(有时称为位值制计数法)即可。

---

① 存在一个专门传播十二进制的组织叫美国十二进制学会。译者注:X 和 ε 表示 10 和 11,dek 来自前缀 deca(10),el 是 eleven(11)的缩写。

② 基数 8 的传播(导致“八进制”)可在文献中找到。例如,见:Tingley, E. M. Calculate by Eights, Not by Tens[J]. School Science and Mathematics, 1934, 34: 395-399. 这个基数的发现为股票市场行情提供了便利!

数的早期进化

第2章

2.1 计数开端

一个著名的数学思想学派[①]认为,计数数字(1,2,3,…,专业上称为“自然数”)是构造全部数学的基础。从进化观点来看这种说法当然是合理的,因为所有人类学和历史学记录都表明,计数和数系作为计数的一种手段,最终在所有未受传播影响的文化中都成为数学元素的开端。人类学家在所有原始文化中都发现了某种形式的计数,甚至在已观察到的最原始的文化中也是如此,尽管它可能仅用少量数词来表示。

2.1.1 环境压力(物理环境与文化环境)

显然,计数的基础知识形成了一种文化必要性,这就是人类学家所说的文化普遍性。[②] 除不可避免的物理环境及其所带来的问题外,人类社会和文化环境也要求人们鉴别出“单一性”与“二重性”之间的差异,甚至没有数系的动物也有这种能

① 直觉主义,见6.2.2节。

② 人类学家乔治·默多克将“数字”列为历史学或人种学中所发现的每种文化中都会出现的72种项目之一。译者注:乔治·默多克(George Peter Murdock,1897—1985)是美国著名的人类学家。

力。① 人类作为一种具备符号表达天赋的文化建构动物,由于文化压迫所产生的环境压力——我们将之称为"文化压力"——催生出一种更成熟的才能,使用数码、进化到"三重性""四重性"等,超越那些不使用符号的生物所拥有的能力。这种"环境必要性"因素贯穿于数学进化的整个过程,所有证据都表明,它在某些文化中对那些后来成为公认的数学文化元素的形成阶段发挥了重要作用。

真正的计数是在被计数集合对象和某些符号(口头的或书面的)之间建立起对应关系的一个过程。按今天的惯例,所用的符号是自然数符号 1,2,3,等等。但其他任何符号也都可以,如棍子上的计数标记,结绳计数,或者在纸上标记,如图 2.1 这样,都足以满足基本的计数目的。因此,计数是一种只有人类才使用的"符号过程",人类是唯一能创造符号的动物。

图 2.1

当然,判断两个集合大小不相等未必依赖计数。尤其是其中一个集合比另一个大得多时,我们仅凭肉眼观察即可得出结论。只有当日趋复杂的文化引发足够大的压力时,才会催生出更精确的"计数"方法。这里让人们想起一些原始部落有关颜色词的情况。某些部落只用一个术语表示绿色和蓝色,最初人们认为他们无法区分这两种颜色,而现在人们认识到,他们可以在视觉上区分这两种颜色,但对这种区别的文化需求并不强烈,不足以迫使他们在言语上区分二者。

每一种文化中,人们都普遍承认计数天赋出现的必要性,至少是心照不宣的。这点在众多通俗和半通俗的文章中得到了体现,这些文章是关于与其他星球上可能建构文化的动物建立无线电联系的。假设在地球以外的地方存在其他文化,那是否有任何"我们"熟悉的可传播的文化元素呢?且我们是否有自信期望在这些文化中找到模仿性元素呢?人们似乎一致认为,最有可能存在的文化元素就是计数过程,同时也存在自然数概念以及用符号表示自然数的方法。

例如,《科学》杂志(1959 年 12 月 25 日)的一篇文章,谈及当时位于西弗吉尼亚州格林班克的国家射电天文台提议进行星际无线电联系的尝试,评论说:

---

① 科南特的经典著作引用并讨论了约翰·拉伯克爵士关于动物和昆虫数感的评论。我们不打算讨论这种能力的本质,只为指出,在缺乏符号能力的情况下,这种能力很难被称为计数,且它局限于只有少数几个元素的集合,如果后面要引证的有关象形文字优先于数字概念是确凿的话,那么不能将其视为数本身的使用。见:Conant, L. L. The Number Concept: Its Origin and Development[M]. New York: Macmillan, 1896: 3-6. 译者注:伦纳德·科南特(Levi Leonard Conant,1857—1916)是美国数学家。约翰·拉伯克(Sir John Lubbock,1834—1913)爵士是英国考古学家、生物学家、人类学家。

“我们期望能[接收]什么样的信号？无线电天文学家一致认为，用脉冲传递素数或一些简单算术问题可能是合适的。”①或者考虑一下著名的初等数学普及者，兰斯洛特·霍格本早于英国星际学会的演讲摘录(引自《时代》杂志，1952年4月14日)：

……地球人说什么才会让他们的外星邻居理解呢？霍格本说，让我们从一些关于数字的微讨论开始吧，“数字的性质在不同的星球上并无变化”②……。可能这些邻居们也经历过类似的[计数发展]阶段，且有这方面的记录。所以霍格本向太空传递的第一个信息将是一个简化的数字方程式：

“Ⅰ+Ⅱ+Ⅲ=ⅢⅢ”

数字用“横杠”(单笔重复画)表示，加号和等号是用“闪烁”表示[霍格本所说的“闪烁”是指易于识别的无线电信号组，就像摩尔斯电码的字母一样]。

当邻居们足够多次重复听到这个等式时，他们就应该能理解它的含义。如果把它拆开，他们就能学会星际语言的第一个单词。更复杂的方程式会教他们更多的词汇。③

无论是从单一的史前文化开始计数，其后再通过传播④蔓延，还是在各种文化中独立发展(似乎最有可能)，对我们的目的来说，也许并不太重要，尽管在此基础上猜测起来可能会很有趣。对于现代人，祖先知识的匮乏并没有严重阻碍人们研究生物进化，而且相对于人类的生物起源和地理分布而言，似乎不太可能查明人类是“何时”发展出计数的，我们不妨继续从考古和历史记录中了解情况。甚至连“开始”这个词的使用似乎都是不可接受的，就计数而言无论是从个体意义还是历史意义上都几乎无法确定其“开始”。即使它在一个单

① 一种有趣但并不相关的侧面评论是：“如果你问射电天文学家，为什么我们不直接进行广播呢？他们会认为财政当局不会批准。这就产生了一个令人不悦的想法：难道其他文明(如果存在)没有类似财政局的机构吗？难道他们在做出回应之前，同样在默默等待我们的信号吗？”见：DuShane, G. Next Question[J]. Science, 1959, 130(3391): 1733. 译者注：格雷厄姆·杜桑(Graham Phillips DuShane, 1910—1963)是斯坦福大学教授(1946—1956)、《科学》杂志编辑(1956—1962)，这里怀尔德引用的话略有遗漏，已补全。

② 译者注：怀尔德在全书中做了很多词、句的斜体处理，还有类似在后面简写标记[Italics ours](斜体是我们加的)，以及[Italics mine: RLW](斜体是我加的；RLW是怀尔德名字首字母缩写)，译者已在译者前言中做了说明，这些斜体标记的句子统一用引号处理，下同。

③ 免费提供的《时代》杂志，© 时代有限公司，1952年。译者注：兰斯洛特·霍格本(Lancelot Thomas Hogben, 1895—1975)是英国动物学家、遗传学家、医学统计学家和语言学家，曾出版过《大众数学》(1936)、《公民科学》(1938)等科普书。

④ 这是赛登贝格所主张的。见：Seidenberg, A. The Diffusion of Counting Practices[M]. Berkeley and Los Angeles: University of California Press, 1960: 215-300. 译者注：亚伯拉罕·赛登贝格(Abraham Seidenberg, 1916—1988)是美国加州大学伯克利分校数学系教授。

一的原始中心进化,就像许多文化元素一样,它也确实“进化”了,但只能按照约定俗成来“确定年代”。(类似地,一般的数学概念也是如此,参见第5章5.3节关于微积分进化的讨论,该约定“日期”是从莱布尼茨和牛顿开始的,但实际上是从以前的“开始”进化而来的。)数词通常是书面语言中最早的词形之一。“在苏美尔和埃及,都有使用传统计数法的文献,比现存最早的文字还早。”①

2.1.2 原始计数

关于早期数字的文献有很多。人类学家已积累了关于不同文化中“数系”的大量资料,而对它们进行全面的描述性研究与分析需要大量篇幅。② 然而仅就当前关注的目的而言,点出其最显著的特征就足够了。

2.1.2a “数码”与“数字”的区别

首先,应该明确如何使用“数(字)”③和“数码”这两个术语。“数码”通常意味着一个“符号”,这似乎符合一般用法。“数字”一词通常表示用一个或多个数字表示符号化的“概念”。“数”既有个体含义,也有集体含义,它在短语“数2”和“数的本质”中的使用即阐明了这点。这并没有什么特别之处,“人”一词的用法也是如此。例如,“那个人是美国人”和“人是一种动物”,其他许多词的用法也是如此。通常上下文会明确指出是哪种用法,而数这个词通常在个体的意义上使用。然而,更重要的、也更麻烦的是对数这个概念的真实特征描述。“数是什么?”这一问题引发了无数的讨论和争论。

2.1.2b “基数”与“序数”的区别

在日常使用中,数既代表一个“基数”,也代表一个“序数”。基数回答了“有多少?”的问题,比如“2美元”或“2天”。序数不仅表明有多少,而且还回答了“按什么顺序?”,或者“在给定顺序中处于什么位置?”的问题。例如,一个月中的一天或剧院的一个座位号实际上就是一个序数,我们可以写成“1月3

---

① Childe, V. G. Man Makes Himself[M]. London: Watts &Co., 1948: 195-196.

② 可参阅柴尔德(1948,1951)的工作,以及 Childe, V. G. What Happened in History? [M]. New York: Penguin Books, 1946. 克罗伯(1948)的工作;泰勒的工作:Tylor, E. B. Primitive Culture[M]. New York: Harper, 1958. 还可参考科南特(1896)的经典工作,以及甘兹的工作:Gandz, S. Studies in Babylonian Mathematics[J]. Osiris, 1948, 8: 12-40. 诺伊格鲍尔(1960)的工作,以及 Neugebauer, O. The Exact Sciences in Antiquity[M]. Providence: Brown University Press, 1957. 萨顿的工作:Sarton, G. A History of Science[M]. 2 vol., Cambridge: Harvard University Press, 1959. 蒂罗-丹金的工作:Thureau-Dangin, F. Sketch of a History of the Sexagesimal System[J]. Osiris, 1939, 7: 95-141. 赛登贝格(1960)的工作;斯梅尔策的工作:Smeltzer, D. Man and Number[M]. London: Adam & Charles Black, 1953.

③ 译者注:译者在这里将 Numeral 译为“数码”,Number 译为“数字”或根据数学学科特点简称为“数”,后文中也根据上下文语境有混合使用的情况。

日”,但我们指的是“1 月份的第 3 天”。

有趣的是当我们对一个事物的集合计数时,我们实际上将这两个概念糅合了,我们可能只对“有多少”,即基数感兴趣,但我们却按序数——“1,2,3,4,…”来计数。也就是说,在确定集合基数的过程中,我们也对集合对象进行了排序。

2.1.2c “双计数”

许多学者指出,用于表示序数的词恰可作为最早的计数是“双计数”的证据,也就是说,最早的数字只有“1”“2”两种类型,或者没有其他更多的数词,且只记大于 2 的数为“很多”,或将 3 记为“2-1”,将 4 记为“2-2”,依此类推。令人惊讶的是在现代语言中可观察到,盛行用“第一(first)”和“第二(second)”来表达这两个词,与其后继词“第三(third)”“第四(fourth)”“第五(fifth)”等的形式不同。我们刚刚使用的英文序数词恰好可作例证——我们说第一用“first”而不是“oneth”,第二是“second”而不是“twoth”。① 其他方面的语言证据还包括古代语言里复数中的“双数”,除单数和复数形式的名词,人们还可以找到所谓的“单数”“双数”和“复数”。名词的双重形式表示两个所指对象,复数形式表示三个或三个以上对象。正如一位作者所说的:②“当我们提到一只、两只和两只以上的猫时,我们写成 cat,catwo 和 cats 一样。”泰勒曾评论道:③“埃及语、阿拉伯语、希伯来语、梵语、希腊语、哥特式语言是使用单数、双数和复数语言的示例。但更高层次的智识文化倾向于废除这种不便且无益的用法,而只区分单数和复数。毫无疑问,这种双数的形式是从早期文化继承来的。威尔逊博士的观点似乎很有道理,‘它为我们保留了当时思想阶段的记忆,即超过 2 的数都是无限数!’”④[经过出版商许可引用]

如上所述,适应文化和物理环境压力的必要性令人们必须认识到“单一

① 其他语言的例子,可见:Tylor, E. B. Primitive Culture[M]. New York: Harper, 1958: 257-258. 或见:Smeltzer, D. Man and Number[M]. London: Adam & Charles Black, 1953: 5-8. 译者注:爱德华·泰勒(Edward Burnett Tylor,1832—1917)是英国文化人类学的奠基人、古典进化论的代表人物,最有名的作品是《原始文化》(1871)。唐纳德·斯梅尔策(Donald Smeltzer,1917—2010)是美国数学家。

② 斯梅尔策引用博德默尔(Bodmer)的话,见:Smeltzer, D. Man and Number[M]. London: Adam & Charles Black, 1953: 6.

③ Tylor, E. B. Primitive Culture[M]. New York: Harper, 1958: 265.

④ 泰勒这里引用的是威尔逊的话,详见:Wilson, D. Prehistoric Man: Researches into the Origin of Civilization in the Old and New World[M]. London: Macmillan and Co., 1862: 616. 值得注意的是在其他语法类别的书中,仍然使用三位一体的形式,如“好、更好、最好”。译者注:丹尼尔·威尔逊(Daniel Wilson,1816—1892)是 19 世纪苏格兰著名科学家、作家、教育家。怀尔德在本书很多引文末尾加了[经过出版商许可引用]的标记,译者为了读者阅读方便,后面均予以略去。

性”和“二重性”，并最终认识到“超过”或“很多”。科南特曾评论：①“值得注意的是，印欧语系表示 3 的词有‘three’‘trois’‘drei’‘tres’‘tri’等，与拉丁语的‘trans’具有相同的词根。”人们可举出世界范围内原始文化的例子，它们的数词似乎都被限制在与“1、2、很多”的等价表达，其中“很多”表示“3 或更多”。

2.1.2d　划记法与一一对应

推测更大数字的起源很有趣。例如，“划记法”成为列举法的早期类型。有证据表明，甚至在旧石器时代，人们就用木棍上的划痕来计数。结绳计数是另一种常见的计数方式。在一些就近物体上做标记的习俗非常普遍，比如在沙石、洞穴墙壁，后来在烘干或晒干的陶土，或莎草纸上。最先进的划记法形式出现在多种形式的算盘中，在古代和现代文化中都有使用。人们也可推测，引入书写形式的划记法最终导致表意文字，也就是数码。

重要的是要注意到划记法中的心理因素，即一一对应的直觉。比如计算羊的数量时，羊一只接一只地通过一个门，同时每经过一只羊，便将一个卵石放在一个堆里，这样的计数可直观地理解为现代数学家所说的一一对应。

原始数词的选择是对一一对应这种直观理解的另一种表现。那些认为手指计数先于数词使用的人指出，用“手”一词表示“5”的用法非常普遍。类似地，将 10 称为“双手”，或（在将手指计数扩展到脚趾计数的文化中）称为“半人”，而 20 可能被称为“一人”。用手指（和脚趾）计数显然涉及一一对应的直观认识。同样，用“眼睛”表示“2”也展现出对一一对应关系的一种理解，也就是一个人眼睛的集合与一对双胞胎之间的一一对应关系。现代数学将基数的概念建立在这种一一对应的思想基础上。但基数概念从早期直觉到现代概念经历了漫长而又曲折的过程，期间还曾进入许多死胡同。

2.1.2e　数的分类与形容词形式

一种可能的途径是对不同类别的对象使用不同的数词。尽管这可能被认为是数的一般进化过程的一个中间阶段，但它可能不是每种文化（可能是由于传播）都经历的一个阶段。证据表明这种情况非常普遍。已故人类学家弗朗兹·博厄斯在不列颠哥伦比亚省部落中的发现经常被后人引用。② 这种现象的一种现代形式在日语中仍然存在。例如，用 1 到 10 的不同词形表示和人、餐具、铅笔这些事物相关的数字。这些词形有两个来源，古代日语和古代汉语，且

---

① Conant, L. L. The Number Concept: Its Origin and Development [M]. New York: Macmillan, 1896: 76. 译者注：怀尔德这里引用原文句子的时候没引全，句尾多出个介词 beyond，为避免歧义此处译文删去该词。

② 详见 Conant, L. L. The Number Concept: Its Origin and Development [M]. New York: Macmillan, 1896: 87-88 页的附表。译者注：弗朗兹·博厄斯（Franz Boas, 1858—1942）是美国人类学家，被誉为美国人类学之父，也是美国语言学研究的先驱。

前者是通过传播从汉语中衍生出来的。在普通计数中,后缀"tsu"附在日本古代词根上,因此"itsu"(即 5)变成了"itsutsu"。但在计算细长的物体(笔、杆、树)时,使用的后缀在"hon","bon"和"pon"之间变化。奇怪的是,它不完全依赖于某一种词根,而是选择日文或者汉语词根中的一个。因此,对于表示 5 个"go-hon"时的"go"是中文派生词根,而 7 个"nana-hon"时的"nana"则是古代日文派生词根。①

表 2.1 为辛姆珊族语言中的数字特征②。

表 2.1 辛姆珊族语言中的数字特征

数字	计数	走兽和扁平物体	时间和圆形物体	人	树木和长形物体	小艇	度量
1	gyak	gak	g'erl	k'al	k'awutskan	k'amaet	k'al
2	t'epqat	t'epqat	groupel	t'epqadal	gaopskan	g'alpēeltk	gulbel
3	guant	guant	gutle	gulal	galtskan	galtskantk	guleont
4	tqalpq	tqalpq	tqalpq	tqalpqdal	tqaapskan	tqalpqsk	tqalpqalont
5	kctōnc	kctōnc	kctōnc	kcenecal	k'etoentskan	kctōonsk	kctonsilont
6	k'alt	k'alt	k'alt	k'aldal	k'aoltskan	k'altk	k'aldelont
7	t'epqalt	t'epqalt	t'epqalt	t'epqaldal	t'epqaltskan	t'epqaltk	t'epqaldelont
8	guandalt	yultalt	yultalt	yuktleadal	ek'tlaedskan	yultaltk	yultaldelont
9	kctemac	kctemac	kctemac	kctemacal	kctemaetskan	kctemack	kctemasilont
10	gy'ap	gy'ap	kpēel	kpal	kpēetskan	gy'apsk	kpenot

这类词形也指向了数词的描述性用法,即用作形容词。在大多数不因与其他文化接触而受影响的文化中,数词似乎也经历过这样一个阶段。数词在现代

① 译者注:日语数字 5 写为汉字"五",音读为"ご"(go),训读为"いつ(つ)",即 itsu(tsu);数字 7 写为汉字"七",音读为"なな"(nana),训读为"なな(つ)/nana(tsu)"。当用来表示特定对象,例如笔(ぺん)、杆(ぼう)、树(き)等时,搭配相应的词缀"ほん"(hon)、"ぼん"(bon)、"ぴん"(pon),即五支笔"ごほん"(go-hon)、七支笔"ななほん"(nana-hon),五棵树"ごぴん"(go-pon)、七棵树"ななぴん"(nana-pon)。

② 译者注:不列颠哥伦比亚省原始印第安人部落中辛姆珊(Thimshian,或 Tsimshian)族的语言共有七种不同类型的数字:一种是在没有特定对象时计数用的;一种是用于走兽和扁平物体;一种是用于时间和圆形物体;一种是用来数人的;一种是用于树木和长形物体的;一种是用于小艇的;一种是用来度量的。没有特定对象的计数数字大概是最后才发展起来的。其他几种必定是这族人还没有学会计数之前的早期遗物。也可参见:[美]T. 丹齐克. 数:科学的语言[M]. 苏仲湘,译. 上海:上海教育出版社,2000:4。

文化中既有形容词用法，又可作宾语使用：在“二棵树”中，“二”是形容词，而在“数字二”中则是名词。字典承认这两种用法。尽管熟知现代英语文化的每个人都知道他所说的“二棵树”是什么意思，但很多人是否确切地知道“数字二”中的“二”是什么意思呢？这是值得怀疑的。也许一般人会倾向于写阿拉伯数字“2”和用手指出来！这促使人们推测，在某些表意文字已经使用了一段时间之后，如“2”或（更有可能的）“| |”，数词可能才开始被用作名词。表意文字的存在似乎最终会导致宾格词性。

原始文化在文化压力的影响下，发明出了许多奇妙而巧妙的词形，这些都可在已引用的大量著作中找到。在发明了数字词“一”和“二”之后，一种文化后来可能会接着称3为“二-一”，称4为“二-二”，依此类推，从而可能导致最终选择二进制系统。在原始词形中已经发现加减法，甚至乘法的雏形。例如，已经发现9被表示为“10减去1”、8表示为“10减去2”，甚至6表示为“10减去4”（阿依努语）。①（后来在较先进的文化中也出现了类似的现象，即使有数字表意文字，也必须引入新词汇来弥补缺乏“代数”符号的问题。）

由于使用最多的基数是五进制、十进制或二十进制，所以使用手指计数很可能决定了基数的最终选择。与人们预想的一致：有大量的例子表明，一种文化中的数词会受到文化传播的影响，例如日语。

2.2 书面数系

倘若数字的符号仅停留在口头层面，那么数的进化似乎就不会有巨大进展。这并不是说，用于庞大集合计数的词语没被引入，或没有能力被引入，因为在某些文化中，它们的确是这样的。但是，表意符号的引入推动了数字概念状态的最终进步。这并不奇怪，如果没有表意符号，那么简单的算术很难有长远发展。

2.2.1 苏美尔-巴比伦和玛雅数码；位值与符号零

美索不达米亚文明可能被认为是我们自己文化背景的主流，在算术符号进化中，一个偶然事件似乎是通过征服阿卡德人后采用苏美尔文字而发生的（苏美尔人的“语言”也被采纳了，但作为一种官方语言或宗教语言使用，就像拉丁语在中世纪被我们自己的祖先所采用一样）。这是文化传播的一个例子，一种

① 详见 Conant, L. L. The Number Concept: Its Origin and Development [M]. New York: Macmillan, 1896:44.

文化从另一种文化中吸收或借用文化元素叠加在原有文化之上(详见1.2节)。由此产生的一个副产品就是“符号化”,这可能是早期数学进化中最重要的事件之一。倘若数学只用普通语言表述,那么它就很难取得巨大进步。现代的表意符号,如“+”和“=”,就是一个很好的例子。

巴比伦人引入表意文字是一个幸运的历史偶然事件。正如外斯曼所说的:“数学符号不会说谎……在语言自然发展的方向上”“伴随着单词的音标图片和文字书写,数学的概念符号是如何产生的呢?……在具有历史连续性的埃及,这一步并没有发生。在巴比伦,却由于两种完全不同的文化——苏美尔语和阿卡德语(两种语言的语法类型根本不同)相互叠加后,为这种形式化发展铺平了道路……通过不同语言的接触,出现了用音节或表意文字书写单词的可能性。在阿卡德文字中,这两种书写方式被任意轮流使用。因此,巴比伦人便有可能用表意文字符号书写出数学概念(数量和运算),并获得一种公式语言,而其余的文字则用音节书写。”①

柴尔德指出:“巴比伦文本……从公元前2000年就开始使用一种非常明确的术语。事实上,巴比伦人在创造一种数学符号的路上表现出色,大大提高了计算速度。首先,几种运算术语是用一个简单明了的楔形符号表示的单音节词。接着,巴比伦人虽然说的是闪米特语,但他们却使用了苏美尔语的旧运算术语,例如‘乘以……’‘求……的倒数’。最后,许多专业词语都被写成表意文字,而非直接拼写……越是晚期出现的文本,苏美尔语言的使用就越少,使用的苏美尔术语和表意文字就越多。它们从埃及时代的‘点头’或‘逃跑’之类的具体概念中解放出来,变成了高度抽象的符号。”②

顺便说一句,人们是最近才意识到巴比伦的数学成就的。到目前为止,埃及数学受到了更大的重视,这主要归功于奥托·诺伊格鲍尔和弗朗索瓦·蒂罗-丹金等历史学家的工作。现在已经知道,除了某些测量的几何规则,巴比伦人的普遍数学成就远远超过埃及人(事实上,埃及的许多数学成就显然是巴比伦文化传播的结果)。巴比伦人取得进步的原因是多方面的,美索不达米亚优越的地理位置可能是其主要原因,征服与贸易活动频繁(因此加速传播),而古代埃及在某种程度上是文化孤立的。

---

① Waismann, F. Introduction to mathematical thinking: The formation of concepts in modern mathematics[M]. New York: Frederick Ungar Publishing Co., 1951: 51. 译者注:弗里德里希·外斯曼(Friedrich Waismann,1896—1959)是奥地利数学家、物理学家、哲学家,是维也纳实证主义学派成员之一。

② Childe, V. G. Man Makes Himself[M]. London: Watts &Co., 1948: 204.

2.2.1a 基数10和基数60

通常情况下,采用一种新形式的文化元素不会导致旧形式消失,但会造成文化滞后,也可能会产生文化抵制(详见1.2节)。或者,如果两种形式"同时"存在会发挥更大的效用,那么这两种形式都可能持续存在。例如,我们今天发现罗马数字仍然有用处。因此,在早期巴比伦人的档案中发现了10和60两种不同基数的混合使用,也就不足为奇了。基数60是苏美尔人常用的,基数10可能是阿卡德人在占据统治地位之后使用的。显然,使用现成的苏美尔数字导致了基数60的保留,而基数10在日常用语中也仍然存在。"在公元前3000年结束之前,六十进制几乎完全从常见使用中消失了。"①不过,在学术工作里,特别是天文学中,六十进制仍然盛行,这可能是因为它扩展了分数的表达(见下文)。

诺伊格鲍尔指出:"一块泥板上有数百个天文数字,都是用六十进制写的,结尾可能是一个'版权页',给出了抄写员的名字和书写日期。书写日期是十进制的(更准确地说,是以10为基数,而不是以60为基数)。"他指出:"只有在严格的数学或天文学背景下,才能始终如一地应用六十进制。在所有其他事项上(日期、重量的度量、面积等)都是多种进制混合使用,诸如在六十进制、二十四进制、十进制和二进制的混合中各自平行地精确使用,这显示了我们文明的进制单位特点……对于不同类别的对象,我们选取不同的数码来表示,例如容量、重量、面积等。这些进制中一个明确的十进制被承认,即带有符号1,10,100,……另一个数系为六十进制,至少部分采用六十进制……这些数系的变体,无论是十进制的,还是或多或少地为六十进制的,都可在不同的地方得以建立。"②

关于苏美尔人与众不同地运用基数60的"起源",人们已经做了许多猜测。有的学者提出这是受到了中国传播(中国也出现了基数60)的影响。弗朗索瓦·蒂罗-丹金发现:"显然,单位60已被纳入一个仍处在形成过程中的计数体系,该数系已经出现了单位10,但是并未出现且永远不会出现单位100。"而且,"有可能,符号序列1,10,60已被包含在整个苏美尔数系中。确切地说,这不是一个六十进制数系,而是交替使用基数10和基数60的数系。"③

---

① Thureau-Dangin, F. Sketch of a History of the Sexagesimal System[J]. Osiris, 1939, 7: 108. 译者注:弗朗索瓦·蒂罗-丹金(François Thureau-Dangin,1872—1944)是法国语言学家、历史学家,他对楔形文字书写系统如何运作以及对苏美尔语的解读研究,构成了学界目前亚述学研究的知识基础。

② Neugebauer, O. The Exact Sciences in Antiquity[M]. 2nd ed. Providence: Brown University Press, 1957:17.

③ Thureau-Dangin, F. Sketch of a History of the Sexagesimal System[J]. Osiris, 1939, 7: 104.

根据诺伊格鲍尔的说法,“在经济学文本记载中,测量银币时重量单位是头等重要的。它们的单位似乎从早期就以 60 比 1 的比率设置,主要单位为‘迈纳(mana,希腊语 mina)’和‘谢克尔(shekel)’①。虽然我们无法将这一过程的细节精准描述,但我们完全可以将这个命名比率用于其他单位,进而用于一般数字中去。换句话说,任何六十分之一个单位都可以叫作‘谢克尔’,因为这个概念在所有金融交易中都有常见的意义。因此‘六十进制’最终成为主要的数系……。”②

还有人猜测,使用基数 60 是出于天文学考虑,另外有一些人认为,之所以精心选择基数 60,是由于它有许多便利因素(2,3,4,…)。这些猜测的完整目录可在弗朗索瓦·蒂罗-丹金的著作中找到。③

在巴比伦科学中,六十进制能继续存在无疑是由于它向分数的扩展。我们对分数的现代处理采用两种形式:“有理”分数(即两个整数的商)和“十进制”小数。第一种形式的四分之一被写为$\frac{1}{4}$,第二种形式则写为 0.25。十进制小数形式的使用,优点是将整数和分数运算统一起来。因此,乘以 0.25,在不考虑小数点的放置情形下,相当于乘以 25;除以 125 相当于乘以 0.008。除法可由乘法替代,这一做法不仅对机器计算有重要意义,还允许在所有理论思考中以统一的方式处理数字和运算。然而,大多数古代文明,包括苏美尔、埃及和希腊(除了巴比伦和希腊的天文学研究),在他们的分数使用中,只使用有理形式。

2.2.1b　巴比伦和玛雅数系的位值

现在,分数的小数形式是基于位值表示法的,其中一个数字的值取决于它相对于小数点的位置(在 25 中,2 代表 20,即 2×10,而在 0.25 中 2 表示$\frac{2}{10}$或 2×10^{-1})(详见预备概念,1.4 节)。诺伊格鲍尔认为,位值符号的发明“无疑是人类最富有想象力的发明之一,完全可以与为改变用图形符号直接表达问题中的概念而发明字母系统这件事相提并论”。④ 关于位值表示法的起源,自然也有很多猜测(它同时出现在巴比伦文化和玛雅文化中)。

---

① 译者注:迈纳(mana)、谢克尔(shekel)二者均表示当时银币的重量(货币的面值)。

② Neugebauer, O. The Exact Sciences in Antiquity[M]. 2nd ed. Providence: Brown University Press, 1957:17. 此处与之后的引用均来自于此书,是经出版商许可使用的。

③ Thureau-Dangin, F. Sketch of a History of the Sexagesimal System[J]. Osiris, 1939, 7: 95-108.

④ Neugebauer, O. The Exact Sciences in Antiquity[M]. 2nd ed. Providence: Brown University Press, 1957: 5.

巴比伦人用芦苇秆在软泥板上书写，之后在阳光下烘烤或晾干。① 苏美尔人用末端为圆头、两种尺寸的芦苇来书写数字。从倾斜的位置按下较小的一端，产生一种半月形表示符号 1，而符号 10 是通过垂直按下芦苇，从而形成满月的形状得到的。按上述方法，用较大一端得到的半月符号表示 60，满月符号表示 3600。从 2 到 9 的整数符号遵循重复符号 1 的原始计数体系（尽管根据弗朗索瓦·蒂罗-丹金的著作所提及，"抄写员大量使用减法，表示 9 为 10 减去 1"②）。另一方面，根据诺伊格鲍尔的说法，③常用的十进制中，100 是以更大的满月来表示的。十进制和六十进制系统所有符号不同变化的共同之处是，存在一个十进制基数的符号，然后使用形状更大的符号来表示级别较高的单位。"后一个事实显然是位值计数法发展的根源。"当书面符号逐渐简化和标准化时，同类符号的大小区别就消失了。例如，最初用一个大的符号单位表示 60 和一个稍小的符号 10 来表示 60+10，后来加上一个"10"读作 70，则用单个"1"来表达，也即"10"加上一个"1"表示 11。

另外，诺伊格鲍尔后来指出："在这一时期高度发达的经济生活里，一种用于记录货币交易的符号起源于此，其中用简单数字排列来表示银币重量单位的大小，排列方式不同则货币的面值不同，例如，符号 $5 · 20 和 20 · 5 的意义有别。因此，数字的排列决定了它们的相对价值。在我们的例子中，美元与美分的比率是 1 : 100，而在巴比伦货币体系中，比率则恰好是 1 : 60。这个表示法可扩展到一般数字，进而最终得到一个"六十进制的位值制体系"。④

有趣的是，人类学家克罗伯也独立地提出了类似的理论。他指出，⑤玛雅人历法系统的运作有点像美索不达米亚的重量度量，它提供了一个成倍的等级和排序方案，这其实就已经暗示了数字位值的出现。因此，就像在美索不达米亚，[那里的]180 克是一谢克尔，60 个谢克尔就是一迈纳，60 迈纳就是一塔兰特。玛雅人认为 20 天是一个"月"，18 个月是一"年"，20 年是一"拉斯顿

---

① 对这一过程尚且存在争议，尤其是泥板是为何以及如何被使用的，详见下列书籍的第一章和第二章：Chiera, E. They Wrote on Clay: The Babylonian Tablets Speak Today[M]. Chicago: University of Chicago Press, 1938. 译者注：爱德华·齐尔拉（Edward Chiera, 1885—1933）是美国考古学家、亚述学家，在楔形文字研究领域贡献卓著。

② Thureau-Dangin, F. Sketch of a History of the Sexagesimal System[J]. Osiris, 1939, 7: 106.

③ Neugebauer, O. The Exact Sciences in Antiquity[M]. 2nd ed. Providence: Brown University Press, 1957: 19.

④ Neugebauer, O. History of Mathematics, Ancient and Medieval[M]. Chicago: Encyclopaedia Britannica, vol. 15, 1960: 83-86.

⑤ Kroeber, A. L. Anthropology: Race, Language, Culture, Psychology, Prehistory[M]. New York: Harcourt, Brace, 1948: 470-471.

(lustrum)”或“卡顿(katun)”,20 卡顿是一个周期。这种规律不可避免地形成了按位置而不是以名字命名的习惯,特别是当有大量的计数或计算时[文化压力]……就像英国书籍持续用英镑、先令、便士为单位记账差不多。当一个新巴比伦人想要描述“2 塔兰特 6 谢克尔”的重量,与一个玛雅人所说的“两年零六天”,或者一个伦敦人所说的“2 磅 6 便士”的情况是完全相似的。从这些情况来看,不管是由我们所写的抽象值 206,还是巴比伦人所写的“206”来表示 7206,就运算方式而言,这仅仅是其中一步。虽然我们不太了解玛雅人是如何进行计算的,但我们可以假设,当他们想要增加几个时间间隔时,或者当他们想将两个时间相减以获取时间间隔时,他们会把日、月、年等竖式排列,一个排在另一个下面,就像我们想从 773 减去 206 一样。这样我们就可以称为实际的“位置运算”,如果经常出现这种情况,那么似乎很可能会迫使运算者设计一些方法[一个符号零]来表示空位,特别是对于一些内部单位,迈纳、月、先令、六十位(sixties)或十位(tens),视具体运算情况而定。

其他文化也有类似接近位值制体系的情况,但实际上它们几乎没有真正实现位值制体系。

人们可能想知道,如果在巴比伦数系中,以 10 为基数和以 60 为基数的数字表示同时存在,那么在六十进制体系中所使用的位值概念为什么没有扩展到以 10 为基数的数字呢? 关于这一点的原因我们可以做出很多种猜测。当然,在六十进制中位值制进化过程中的文化压力,对以 10 为基数的情况不可能同样起作用。位值符号表示的重要性在于它能够用相同的基数表示任意大小的数字。这在巴比伦天文学中对表格构建来说十分重要,但在其他领域,如市场,则没有类似的需求。① 此外,数系的多样性和复杂性显然可用于各种目的,②可能会产生一种文化滞后或文化抵制作用。人们甚至可以推测,一位寺庙抄写员偶尔也会想到,我们称为位值的东西可应用于其他数系。然而,人们似乎怀疑当时是否有任何这样的东西,类似位值的“概念”,它更有可能只是巴比伦数学家发现的一种有用“工具”。正如我们后文将看到的那样,在 16 世纪西蒙·斯蒂文③的研究工作之前的许多年里,很多人显然都意识到了利用位值来表示基

① 我们将在希腊文化中观察到这种类似现象,即在希腊文化中,常用的数字不使用位值制符号,但天文表继续使用它(见 3.3 节)。

② 例如,可参见:Neugebauer, O. The Exact Sciences in Antiquity[M]. 2nd ed. Providence: Brown University Press, 1957: 17.

③ 译者注:西蒙·斯蒂文(Simon Stevin,1548—1620)是荷兰数学家、工程师,一般认为他于 1585 年提出十进位的小数计数方法。

数为 10 的数字的可能性。然而,对这些人来说,它可能仍然只是一种“工具”,而西蒙·斯蒂文可能只是恰巧被看作提出这一概念的人。

位值制体系的发明很可能是数系进化的一种自然进程,这是由需要用符号表示任意大小数字的文化压力造成的,或者它们也可能是巴比伦货币或玛雅历法等计量系统的自然扩展。然而,并不是所有文化都拥有进化到这种发展阶段的数系。与生物进化中所有生命形式都会延续到两栖动物和哺乳动物阶段不同,大多数的数系很可能不会经历这一阶段,比如中国、希腊和罗马的晚期(和更高级)文化就是明证。①

2.2.1c 符号“零”

通过考虑符号零可以进一步阐明这一点,这已在上文克罗伯的引文中提及。在古老的巴比伦泥板上(约公元前 1800 年),虽然已经使用了位值,但似乎并没有使用符号零,而是用数字之间的空位替代。但是,由于标记在整数末尾的空位并不明显,因此人们更习惯于根据上下文来理解数字的含义。因此,符号 1 可能代表 1 或 60。可以预料,在这种情况下,文化压力将促进符号零的发明。事实上,最终符号零的出现将不可避免,似乎是这样的,它出现在巴比伦(塞琉古帝国时期)和玛雅的数系中。

巴比伦的零显然只是表示没有数字的空位符号,而且在数字之间使用,也不时在数字的右边使用。因此 402 和 42 是可以区分的,但无法区分 420 和 42(其含义必须根据上下文来确定)。② 玛雅的符号零形似紧闭的拳头,表明它是从手指计数阶段进化而来的。桑切斯对玛雅算术进行了有趣的分析,并列举了加法、乘法等类似运算的例子。这和塔内里③在希腊算术方面的经验总结相似(参阅 2.2.2 小节和 3.3.2 小节)。桑切斯还得出结论:用玛雅的数字进行算术运算是相当简单的(当然,前提是玛雅人以他假定的方式进行运算)。④

零的古代符号如图 2.2 所示。

---

① 译者注:显然作者怀尔德没能意识和了解到古代中国的筹算是一种十进位值制数码表达体系。

② 可参见:Neugebauer, O. The Exact Sciences in Antiquity[M]. Providence: Brown University Press, 1957.

③ 译者注:保罗·塔内里(Paul Tannery,1843—1904),法国数学家、数学史家。他还有个兄弟叫朱尔斯·塔内里(Jules Tannery,1848—1910)也是法国数学家,对数学史和数学哲学的贡献也很大。

④ Sánchez, G, I. Arithmetic in Maya[M]. Texas: Austin, 1961. 译者注:乔治·桑切斯(George, I. Sánchez, 1906—1972)是美国教育改革活动家,尤其为墨西哥儿童争取权利做出的贡献极大,德州大学奥斯汀分校第一位拉丁美洲研究教授,教育学院历史与哲学系主任,玛雅算术是他个人的业余研究兴趣。

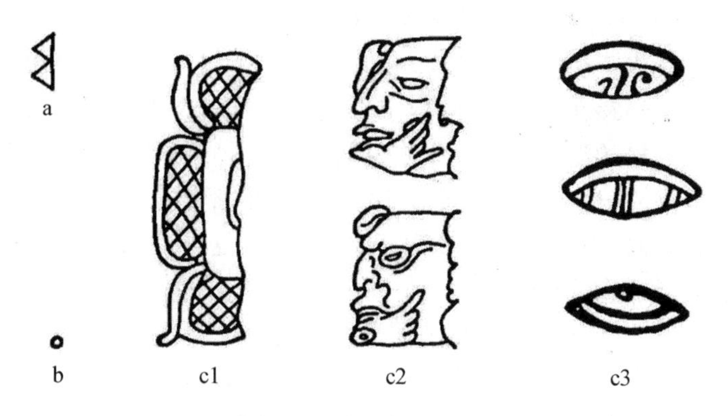

图 2.2　零的古代符号

a—巴比伦楔形文字;b—印度;c—玛雅(c1—纪念碑文;c2—面部铭文;c3—文书写法)①

巴比伦文化和玛雅文化之间进行文化传播的可能性几乎为零,因为这两种文化发明符号零几乎是同步的(巴比伦文化的符号零大约出现在公元前400 年至公元前 300 年;玛雅文化的则出现在基督纪元时代,也许还要早得多),而且发明符号零的这两种文化相距甚远,使得这种文化元素要从一种文化传播到另一种文化的时间间隔可能要比记录显示的时间更长。有趣的是克罗伯对此也做了评注:“在某种程度上,巴比伦人习惯使用货币重量单位的乘法表,而玛雅人依赖时间单位进行计算,作为他们各自发明符号零的前身,印度人则使用从先祖那里继承了‘阿拉伯’数字 1 到 9 的几个世纪后,他们在其中加了一个‘点’的符号来表示空位。”后者出现的时间较晚(约公元 500 年),以及在离美索不达米亚不远的拉丁美洲的文化中也出现得很晚。因此人们尚不能确定是否存在文化传播(许多学者似乎都认为印度独立地引入了符号零,例如克罗伯。请参阅第 2.2.3 小节)。克罗伯断言零的进化“显然总是在与相当大的心理阻力[文化抵制?]做斗争。因为‘自然’或自发现象[在发明自然数符号之后]规律显示不会继续发展下去,人们不会增加一个新符号去表示不存在的事物,而只会用‘空位’来表示‘没有’。”②

2.2.1d　六十进制分数

也许最值得注意的是巴比伦数码扩展到了六十进制分数(参见 2.2.1a)。此外,这个方法还存在于巴比伦时期(公元前 1800 年以前,当时尚未出现小数

① Kroeber, A. L. Anthropology: Race, Language, Culture, Psychology, Prehistory [M]. New York: Harcourt, Brace, 1948.

② Kroeber, A. L. Anthropology: Race, Language, Culture, Psychology, Prehistory [M]. New York: Harcourt, Brace, 1948.

点)。因此诺伊格鲍尔提到,①数字44,26,40出现在与1,21互为倒数的表中,后者表示十进制表示法中的60+21=81。从这里的上下文可以清楚地看出,如果小数点和0已经存在,则前面的数字将是0.0,44,26,40。但并非如此,这是因为展示这个表格的泥板来自巴比伦时期。尽管六十进制分数存在这些缺陷,但它仍然可以被充分利用。正如人们可以预料的那样,只有“有限的”六十进制分数是可以被理解的。特别地,对于像7和11这样的数字表中就省略其倒数,因为它们“不整除”60(然而,在一些文本中,这些数字的近似值是找得到的)。尽管如此,古巴比伦的抄写员们证明了这样一个事实:在计算中,通过位值符号表示可将分数视为整数处理。乘法表和倒数表的存在表明他们充分利用了这种思想。这与埃及数学形成鲜明的对比,在埃及数学中,人们使用了一种特殊形式的符号来表示分数(参见第2.2.4小节)。

2.2.2 数码化

在数字的改进和简化中可以进一步看到文化压力的作用。最早的书面数码可能是计数符号,因此,|,||,|||,||||分别表示1,2,3,4。在苏美尔数字中,从2到9的整数坚持采用这样的形式。但由于书写困难、认读费力(例如“||||||||”,或更易读的形式“||||
||||”),所以改进这些形式就势在必行。一般来说,随着农业、商业和诸如此类行业的兴起,文化也进化到更高级的形式,如下的双重需求(1)使用较大的数,以及(2)保留书面记录,可以预期会迫使人们将表意文字进行改良。

尽管巴比伦数字可以用符号表达所有整数和分数,但从实用的角度来看,它们都有着严重的缺陷,即单个整数的符号虽然相对原始计数方法来讲有所改进,但处理起来仍然非常复杂烦琐。例如,后来使用的楔形文字中,用楔形符号表示单位1,用表示10,则数字48可表示为

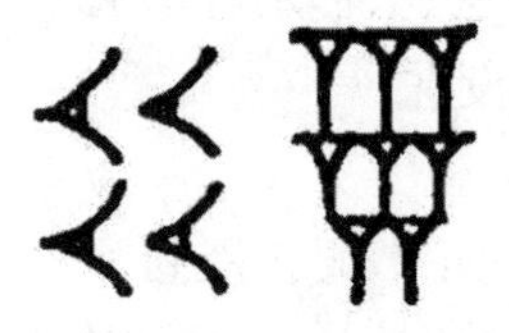

还需要进一步的“符号化”,更准确地说,就是用新发明的符号来代替复杂的旧符号组。这种创新类型被一种使用数系但完全不用位值制的文化,即埃及文化

① Neugebauer, O. The Exact Sciences in Antiquity[M]. Providence: Brown University Press, 1957: 31-32.

发扬得更为深远。①

在埃及文化中，用一个单一的新符号替代一组旧数码，意味着在一般计算中，如在巴比伦数字中所遇到的那些整数计算的烦琐特征被淘汰了。为简洁起见，这种符号(数字的)类型我们可以称为“数码化”，该术语是由博耶1944年使用的，他坚持认为，数字发展史中数码化过程应当引起我们比现在更多的重视。在大多数古代数系中，在数码化方向的发展都半途而废了。一种常见的做法是引入一个新的符号来表示10，有时是表示5(例如在玛雅数系中)，而通过将这些符号和数字1的符号组合来表示中间的数字。因此，在古罗马数字中，用VIIII表示9或者有时也用IX表示(使用减法法则)。② 虽然某些数字，如50或100，也可能被赋予特殊的符号，但即使(如在巴比伦和玛雅数系中)引入位值表示法，书写较大的数仍然相当麻烦。

毫无疑问，这在很大程度上是因为文化滞后。一旦在一种文化中确立了数字书写风格，那么改变就会非常缓慢。当然，特殊的环境可能会对此有所影响，正如博耶所说的，一种书写工具(就像在巴比伦文化中一样)的使用可能会受到多种被标记对象的严格限制，由此可能会成为新符号发明的一个特殊文化障碍。另一方面，埃及人的工具并不构成对符号发明的障碍。在古代埃及，除了僧侣文字和后来的通俗文字，人们并没有意识到更广泛数码化的巨大优势所在。例如，在僧侣文字中，1，4，5，7和9分别都使用了特殊符号，但2和3仍然分别用计数符号||和|||来表示。然而，在通俗文字中，从1到9的“所有”数字都被赋予了特殊的符号。③

2.2.2a　爱奥尼亚数码

希腊人发明的数字提供了一个有趣的例子。虽然(更古老的)雅典希腊数字没有更好地数码化，但后来的爱奥尼亚数系却做到了。它使用希腊字母表的24个字母，加上3个古体字母，得到的27个字母的用法如下：前九个字母分别表示从1到9的整数，随后九个字母表示前九个整数的10倍(即10，20，30等)，剩余九个字母表示前九个整数的100倍(即100，200，300等)。因此，1000以下的所有数字最多可由“三个”简单符号组成(惯例是从左到右按降序书

---

① 据我所知，似乎没有人认为烦琐的数码对位值符号的发明有影响。

② 用IV而不是用IIII表示4，这在古代似乎没有使用，而是减法原理的一种现代延伸，详见：Boyer, C. B. Fundamental Steps in the Development of Numeration[J]. Isis, 1944, 35(2): 153-168当中的脚注24.

③ 详见：Boyer, C. B. Fundamental Steps in the Development of Numeration[J]. Isis, 1944, 35(2): 157. 译者注：博耶的概念“Cipherization”，这里我们翻译成“数码化”，也有译者翻译成“记号化”“符码化”，详见：[美]卡尔·B. 博耶. 数学史(上)[M]. 秦传安，译. 北京：中央编译出版社，2010：15，68。

写)。随后1000的倍数则由字母表的前九个字母前面加上一个斜的符号表示为(͵α,͵β,͵γ,…),并且引进一个新的符号M表示万,则10000的倍数可以写成αM,βM,…(或$\overset{\alpha}{M}$,$\overset{\beta}{M}$,…)的形式。①

爱奥尼亚数系的主要缺点是它不能表示无限大的数字。出此原因,人们必须发明新的符号。然而,博耶把这个体系称为"可能是有史以来数字和实用算术最伟大的一次进步"。因为它不仅适用于当时所有的计数和计算需求,而且正如塔内里充分证明的那样(通过实验方式,他记住了这个数系并用它计算),它与现代数系一样有效。②

就现代目的而言,缺少与十进制小数相类似的分数表达是爱奥尼亚数系的另一个致命弱点,但对于只对有限逼近感兴趣的希腊人来说,埃及的单位分数体系就足够用了。然而,他们的天文学家意识到巴比伦位值制在这方面很有效,于是将它应用于天文学研究工作,将爱奥尼亚整数和巴比伦分数混用,就像我们现代人用"印度-阿拉伯"数字来书写度、分、秒一样(详见下文)。

2.2.3 位值与数码化的融合

巴比伦数字可以表达所有整数和分数,但它并没有被希腊人(或其他文化)采用,这并不奇怪,因为巴比伦的数码非常烦琐,它不适合在市场上快速简便地计算。除非是天文学家,否则位值制的优势通常并不明显。毫无疑问,希腊人对巴比伦位值制是有所了解的。但是,如果吸纳一种文化元素不会带来任何优势,或者没有武力强制采纳,那么就不会发生文化传播(参见1.2节)。为满足日常生活需要,人们必须创造一个更容易操作的数系,爱奥尼亚数系恰好可以满足这一点。虽然这样的假设似乎并无充分的证据,但爱奥尼亚数系的发源并非不可能受到埃及人的数字书写方式的影响。

然而,引进一种结合了位值制和数码化优点的数系之路已然明朗。用个稍后我们会详加讨论的术语来形容,即存在"整合"的机会。这是现代数学家们经常使用的工具之一,当他观察到不同数学体系中两个或更多的特征可相互补充,或组合起来能形成一个更有力,或更有效的理论时,他就会开始通过"整

---

① 译者注:爱奥尼亚数系是由27个字母构成的一个半十进制系统,字母后接一个斜体尖音符号"ʹ"用来将数字和字母区分开。通过相加原则将字母按照数值组合成想要表达的数值,比如241表示成"σμα",即(200+40+1);在字母前置一个倒转的尖音符号来表示千倍,如2006表示为"͵βζ",即(2000+6);用"Myriad"表示"万"。

② 可参考博耶的案例,他比较了爱奥尼亚数系和现代十进制的乘法,还比较了巴比伦和埃及象形文字的乘法。详见:Boyer, C. B. Fundamental Steps in the Development of Numeration[J]. Isis, 1944, 35(2): 159-162.

合”来构建这样一个新理论。当然,在我们所讨论的这个时代,某些数学家个体可能已经意识到整合位值制和数码化的益处,事实似乎也是如此。

为满足科学研究的需要,科学家们在天文学中使用分数,由此巴比伦位值制体系的优越性得到了体现。此外,由于希腊天文学家遵循了巴比伦的传统,因此也很自然地继续使用巴比伦的列表系统。但由于巴比伦数系书写整数十分烦琐,导致了用爱奥尼亚符号表示个别数字的奇怪现象(正如前文所述,今天仍存在类似的习惯,只是我们现在用自己的符号代替了爱奥尼亚符号)。诺伊格鲍尔指出:“托勒密只用六十进制表示分数,而不用它表示整数。因此,他将365[用爱奥尼亚数字]写成 τζε(300,60,5),而不是 σε(6,5)。”[①]显然不止一个天文学家这样做。塞琉古王朝时期的巴比伦石碑(公元300年—公元元年)记录了天文学的飞速发展,希腊天文学家及其追随者继承了先贤创造的专门用于相关计算的六十进制体系。但在“美索不达米亚塞琉古时期的楔形文字中,六十进制符号很少被严格应用”。伊斯兰天文学家遵循了这种“融合不同数系”的做法,这也是我们现在的天文学习惯:用十进制写整数,但却使用六十进制的分钟和秒钟。

在这一时期,人们只部分地整合了位值制与高效的数码化。实际上,很多必要的整合类型,比如我们现代的数系,在长达几个世纪的时间内都没能实现。那些对聪明智慧的希腊数学家没能实现令人满意的整合而感到惊讶的人指出,希腊人完全有可能意识到,通过使用局部[位]值原则、表示空位的符号[0]和前九个字母数字,就不必再使用其他符号了,但他们觉得如此改变也是无所裨益。毕竟,用 δoo 这样的形式会在任何方面强于400吗?或 εoooooo 比 ΦM 有更大的进步吗?如果希腊人每一次都能准确计算出乘积中零的个数,或排列数字时从没有出过错误,那就让希腊人尽情批评这种整合吧!正如塔内里所言,字母表示法有一定的优势,而这可能就是希腊人选择保留它的理由。[②]

2.2.3a “印度-阿拉伯”数码

在这一点上,若能勾勒出一幅简洁有序的图画,以描绘今天被不够准确地称为“印度-阿拉伯”数字的进化过程,那就太好了。但不幸的是,目前现存的记录太贫乏,以致史学界无法在细节上达成共识。然而,不管怎么说,以下几点是被人们普遍认可的:(1)今天我们使用的1到9数字形式源自印度;(2)印度人使用的符号零,起初是一个圆点,后来变成椭圆形式;(3)至少在公元800年,他们就已经使用整数的位值制计数法,并开始使用负数。

但印度人究竟从其他文化中借鉴了多少,这是一个充满猜测和争议的问

---

① Neugebauer, O. The Exact Sciences in Antiquity[M]. Providence: Brown University Press, 1957: 22.

② Boyer, C. B. Fundamental Steps in the Development of Numeration[J]. Isis, 1944,35(2): 164-165.

题。巴比伦文化是影响印度数学发展的一个因素，这点是众所周知的，但影响到什么程度还不能确定。例如，印度的符号零是巴比伦符号零的文化衍生品吗？弗赖登塔尔指出，①在公元200年至600年间，十进制在印度开始使用时，印度人开始了解希腊天文学。

图2.3为我们的数字谱系。

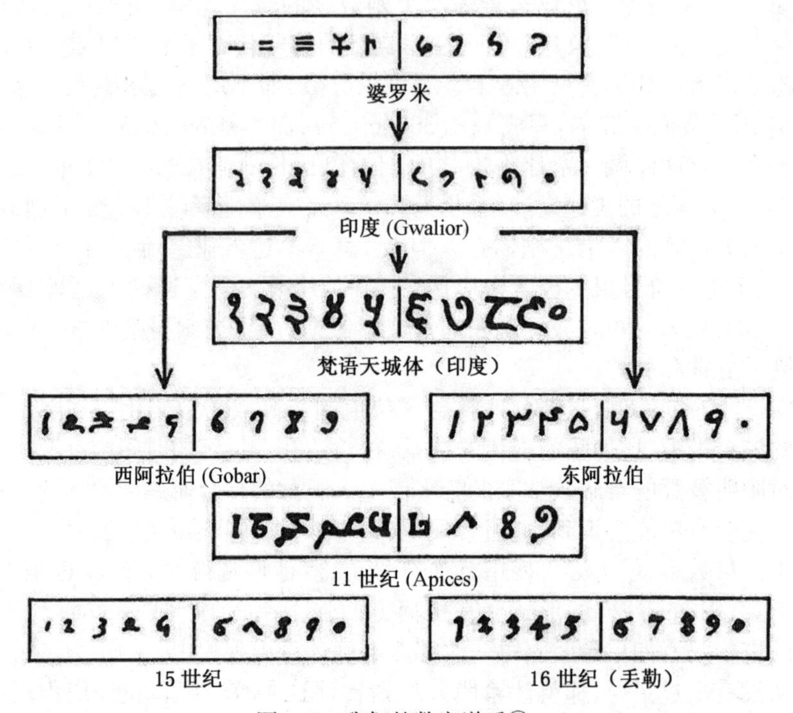

图2.3　我们的数字谱系②

---

① Freudenthal, H. 5000 Years of International Science[M]. Groningen: Noordhoff, 1946: note 27. 译者注：汉斯・弗赖登塔尔(Hans Freudenthal, 1905—1990)是荷兰数学家、数学教育家，曾任国际数学教育委员会主席(1967—1971)，1968年创办了《数学教育研究》杂志，《除草与播种——数学教育科学的序言》一书标志着他是使数学教育成为一门学科的重要奠基人，国际数学教育界最高奖项“弗赖登塔尔奖”就是以他的名字命名的。

② Menninger, K. Zahlwort und Ziffer[M]. vol. 1. Gottingen: Vandenhoeck and Ruprecht, 1957: 329. 译者注：卡尔・门林格尔(Karl Menninger, 1898—1963)是德国数学家，该书英译为 Number words and number symbols: a cultural history of numbers[M]. London: The Massachusetts Institute of Technology Press, 1969. 该图片中 Gwalior 指的是印度中央邦西北地区瓜寥尔于876年出土石碑上载有椭圆形的数字零，比巴克沙利手稿中的圆点数字零更为进步。Gobar 阿拉伯语原意为沙子、尘土，Gobar numeral 直译为尘土数字，代表一种在沙盘或土板上进行运算的数字。Apices 是欧洲早期使用的一种算盘，用一种类似于锥体的小圆台当算子，顶部标有1～9符号表示各自代表的数值。

作为他们涉猎希腊天文学的副产品,印度人也熟悉了六十进制位值体系,并运用符号来表示空位(即“零”)。作为额外证据,弗赖登塔尔还指出,所谓的印度“韵文数字”总是把个位放在首位书写,然后是十位,依此类推,而巴比伦人和希腊人的书写顺序则恰好相反。当印度人开始使用数码的时候,就弃用了他们原来的韵文习惯,书写顺序同巴比伦人一致。①

无论如何,在后基督教时代的最初几个世纪里,整数的十进位值制体系和符号零似乎已在印度发展起来。此外,这个符号零在“运算”意义上变成了一个数字,因为它在加法和乘法等运算中像任何其他数字一样使用。但它在“概念上”是否是个真正的数字,还值得商榷。它可能还无法独立作为一个符号。毫无疑问,它最初被发明仅是为了完善位值制表示法,仅作为表示“没有”的符号。它也可能源于各式各样的算盘,当时这些算盘在东方(从罗马到中国)被广泛使用。但所有形式的算盘都有个缺陷,即它只能计算而不能记录。就像早期的计算机一样,一旦开始新的计算,旧的计算结果便会归零,以便为新一次计算让路。如果想要保存计算的结果,就必须用某种数字形式对其进行记录。如果使用算盘得出一个数值结果,比如 2301,那么用 0 表示的列将是空的,此时还有什么能比引入一个符号以对应这个空位来得更加自然呢?不管这项发明的细节如何,都无疑是文化压力作用于符号层面的一个例子。但要使其达到数字概念上的地位,尚需用好几个世纪的时间。

希腊和罗马帝国的衰落使得阿拉伯文化在世界舞台上占据了一席之地,印度数系逐渐向阿拉伯文化传播,与其他计数体系(如希腊字母系统)并驾齐驱。有迹象表明,阿拉伯人对印度数字的采用是由一种对希腊文化偏见的文化抵制所推动的(详见 1.2 节)。例如,斯特罗伊克②指出:“我们第一次在印度以外的地方发现了十个印度数字,是在西弗勒斯·斯伯克特③主教(公元 662 年)的著作中,他提到这些数字是为了表明希腊人并没有进行文化垄断。在早期阿巴斯哈里发治下,巴格达有一个数学学派,似乎故意拒绝接受希腊人的课程,转而向古犹太人和巴比伦人的文献著作寻求灵感。我们的代数学之父花剌子米④就

① 弗赖登塔尔的猜想详见:Van der Waerden, B. L. Science Awakening[M]. Translated by Arnold Dresden. New York: Oxford University Press, 1961: 56. 译者注:范·德·瓦尔登(Van der Waerden, 1903—1996)是著名的代数学家、数学史家,对古埃及、巴比伦和希腊的数学与天文学史颇有研究。

② 译者注:斯特罗伊克(Dirk Jan Struik,1894—2000)是美国数学史家,他的《数学简史》出版至今几经改版重印,被翻译成多国文字长盛不衰。怀尔德指出斯特罗伊克在这里参考了史密斯的论述。

③ 译者注:西弗勒斯·斯伯克特(Severus Sebokht,575—667)是叙利亚学者,尼西比斯神学院主教,有可能是第一个将印度数字介绍进叙利亚的人。

④ 译者注:阿尔·花剌子米(Al-Khwarizmi,约 780—约 850)是阿拉伯数学家、天文学家、地理学家,被誉为“代数学之父”。

是这个学派的一员。对希腊势力和统治的仇恨,是正在崛起的伊斯兰教在叙利亚轻易取得胜利的主要原因之一。”①

从阿拉伯文化来看,新的十进制数字最终经由西班牙和意大利,通过学术和贸易渠道传播到欧洲文化中。这一过程缓慢且渐进。期间,由于强烈的文化抵制,阿拉伯数字经历了符号变化。一个有趣的例子是1299年颁布的法令,禁止佛罗伦萨的银行家使用阿拉伯数字,并坚持保留罗马数字。②“那么意大利的商人为什么选择阿拉伯数字系统呢?目前这还是个值得考证的问题,但我们可以通过某些事实窥见一二。‘阿拉伯文明确实曾经存在于西西里岛和西班牙,不仅在摩尔人的地区,而且在托莱多这样后来由基督教统治的地方也一样;阿拉伯人环布于地中海,控制了亚洲的贸易。’③阿拉伯数系似乎首先出现在意大利的佛罗伦萨和比萨,这两个城市与阿拉伯世界的联系比与希腊的联系更密切,与威尼斯的商业竞争关系也更激烈。”④

2.2.4 十进制小数

“印度-阿拉伯”数系发展的下一个必要阶段是将其扩展至分数,就像巴比伦人已经学会将六十进制扩展到分数一样。

埃及人主要使用“单位分数”,如$\frac{1}{2}$,$\frac{1}{3}$,$\frac{1}{4}$等,将其他分数写成这些单位分数之和的形式($\frac{2}{3}$除外,它在这个体系里有个特殊符号)。一般情况下,希腊人将这些分数和其他数系混合使用。另一方面,印度数系中的分数和我们如今使用的分数非常相似,书写形式与我们今天一样,只是中间缺少分数线。因此,他们会将$\frac{3}{4}$写成$\begin{matrix}3\\4\end{matrix}$.(如果写带分数,比如$7\frac{3}{4}$,那就将整数部分放在最上面,其余部分不变,即$\begin{matrix}7\\3\\4\end{matrix}$.)。事实证明,这种特殊分数符号极具实用性,以至于沿用至今。另外,统一格式书写整数和分数的优点显而易见(参见2.2.1a)。而且,一

---

① 详见:Smith, D. E. History of Mathematics[M]. vol. 1. New York: Dover, 1923: 166-167. 译者注:大卫·尤金·史密斯(David Eugene Smith,1892—1963)是美国著名的数学史家、数学教育家,创立了美国第一个数学教育博士点、国际数学教育委员会、科学史学会,是最早研究东方数学的美国学者。

② Struik, D. J. A Concise History of Mathematics[M]. vol. 1. New York: Dover, 1948: 88-105.

③ Sarton, G. Introduction to the History of Science[M]. vol. 2. Baltimore: The Williams & Wilkins Company, 1931:6.

④ Schaaf W. L. Mathematics: Our Great Heritage[J]. New York: Harper, 1948: 82-96.

旦“印度-阿拉伯”数系成为欧洲文化的主流，那么随着科学的进步，它将不可避免地扩展到分数。

如前所述，巴比伦的六十进制从未消失，特别是在天文学表格中书写“有理”分数时（参见2.2.1a）。同时，正如人们所预料的那样，几个世纪以来，这些六十进制分数“明显”（后见之明！）的十进制类似物开始零星在各地出现。诺伊格鲍尔在评论①“伊斯兰学者完善计数方法”时指出，最近发现一位天文学家名叫阿尔·卡西，②卒于1429年，他创造了类似六十进制分数的十进制类似物，并分别用六十进制分数和十进制小数表示 2π 的近似值。卡宾斯基指出，比萨的莱昂纳多（约1170—1250，通常被称为“斐波那契”——“波纳契之子”，并用“斐波那契”一词命名他发现的数列③）给出了一个三次方程根的六十进制分数近似值，并将结果精确到第八位。而在中世纪，所有计算都使用了这类分数。“在平方根和立方根的近似计算中，常用六十进制分数形式给出结果。约翰·德·缪里斯在14世纪给出2的平方根，当时写作‘1·4·1·4’，这里第一个1代表个位，第一个4表示十分位，第二个1表示百分位，第二个4表示千分位。接着，他把这一结果扩展到了二十分之一的二十分之一，最终得到六十进位分数。”④

十进制小数的使用普遍较晚似乎是文化滞后的一个主要例子。这是不可避免的，但总有人会认识到事实，并尝试纠正它。十进位小数取得真正的突破（参见第3章3.3.1a关于“遗传压力”的评论），是从雷乔蒙塔努斯⑤编写半径为10,000,000的正弦曲线表和半径为100,000的余切曲线表开始的。“在这两种情况下，只要有一个小数点和单位半径就可以给出现代常用的表格。”从

① Neugebauer, O. The Exact Sciences in Antiquity[M]. 2nd ed. Providence: Brown University Press, 1957: 23.

② 译者注：阿尔·卡西（Al-Kāshī，1380？—1429）是15世纪初伊斯兰世界最伟大的数学家之一，在世界数学史上占有重要地位，现存数学著作有《论弦与正弦》《论圆周》和《算术之钥》三本。

③ 译者注：莱昂纳多·斐波那契（Leonardo Pisano，Fibonacci，1175—1250）是中世纪意大利数学家，将现代书写数和乘数的位值表示法系统地引入欧洲，其著作《计算之书》（1202）中包含了许多希腊、埃及、阿拉伯、印度甚至是中国数学相关的内容。

④ Karpinski, L. C. The History of Arithmetic[M]. New York: Rand McNally, 1925: 123-130. 译者注：卡宾斯基（Louis Charles Karpinski，1878—1956）是美国数学家、科学史家，曾任美国科学促进会副会长（1939）、美国历史学会会长（1943）。缪里斯（Johannis de Muris，1290—1350）是法国14世纪著名的哲学家、数学家、天文学家和音乐理论家。

⑤ 译者注：雷乔蒙塔努斯（Regiomontanus，1436—1476）是德国数学家、天文学家，翻译注释并出版了托勒密、阿波罗尼奥斯、阿基米德和海伦等古希腊数学家的著作。

西蒙·斯蒂文在1585年的工作中,可以看到现代十进制小数自然进化的更多完整细节①,他显然是在概念意义上,"第一次系统地讨论了十进制小数,并充分认识到它们的意义"。斯蒂文的符号表示法很笨拙,因为小数部分的每个数字都被圆圈包围起来,以此来区别小数和整数部分——0表示个位,1表示十分位,依此类推。为了十进制小数能被大众广泛接受,所以需要一个更好的方式表示位值制,例如小数点或与其等效的分离符号。根据卡宾斯基的论述,小数点出现在1616年纳皮尔②对数的英译本中。但直到17世纪末,人们才开始使用其他符号,比如括号的左半部分。此外,直到18世纪十进制小数才被普遍采用,在此之前,根据卡宾斯基的说法,"使用十进制小数来运算的算术,与不使用它的情况一样多。"③

2.3 数在概念意义上的进化

在2.2节讨论书面数系的进化时,我们提到了数的概念。粗略地说,数字的"意义"到处存在(例如,在2.2.3a中)。在本节中,我们继续讨论这一话题。

数词是什么时候开始具备客观意义的呢?在语法上,它们是什么时候变成"名词"的呢?显然,这类词的最早用法是形容词,它们具备描述性特征,即使在使用"耳朵"(表示"二")或"人"(表示"二十")这样的"名词"时,这种描述性特征也能明显地体现在使用方式上,它们针对不同类别的物体做出了相应的调整(如上文所述的情况,参考2.1.2e)。④ 但词汇的用法和意义都是会发生变化的。例如,英语中的"contact(联系)"这个词,最初是名词,现在已经开始用作动词。例如,当作者还是学生时,他可以与他的老师"取得联系",当然也可以"不联系"老师,如果他不希望获得A等成绩的话。这种过程甚至可以将

---

① 关于十进制小数的历史调查,可参见:Sarton, G. The First Explanation of Decimal Fractions and Measures (1585), Together with a History of the Decimal Idea and a Facsimile(No. xvii) of Stevin's Disme [J]. Isis, 1935, 23: 153-244.

② 译者注:约翰·纳皮尔(John Napier,1550—1617)是苏格兰数学家、神学家,对数的发明者。

③ 有趣的是,卡宾斯基承认斯蒂文是"十进制小数的独立发现者",但后来他又指出,"显然很多思想家都发现了十进制小数……在科学领域我们继承了过去时代的所有研究。"对后面的说法,他解释道,"十进制小数的发展,解释了数学思想领域的进化过程。"详见:Karpinski, L. C. The History of Arithmetic[M]. New York: Rand McNally, 1925: 123-135.

④ 关于数词作为形容词更广泛的讨论可参考:Menninger, K. Zahlwort und Ziffer[M]. Gottingen: Vandenhoeck and Ruprecht, 1957.

形容词改为动词。作者曾听说过一位厌倦了在议案中长时间争论措辞细节的委员建议把问题推给主席,并指示他把问题"模糊处理"(以便把琐碎的分歧掩盖)。①

一个词要用作名词,那么它必须代表某种东西,这个过程涉及概念状态的改变。这样一来,抽象的概念就会进化,比如"善"和"恶"。数词最终也会发生这种变化:"二"这个词一旦变成名词,它就必须代表某种东西,即"二重性"的概念意义。表示数的特殊符号(即数码),这种表意文字的引入,加速了这一进程。但它并没有同时影响所有的数字。例如,符号"零"在被发明几个世纪后才具有数字的地位,也许它在玛雅文化中从未获得过数字地位,在巴比伦文化中亦是如此。

2.3.1 数字神秘主义与数字命理学

和其他科学一样,数学有其神秘的发展时期(以及它的神秘分支,但这里只考虑其发展的主线)。虽然并不是所有的文化都必定践行数字命理学②,但现存大量被记录下来的实例,足以使人们相信这是数字概念进化过程中的一个自然发展阶段。一般来说只涉及计数数字。

在巴比伦文化中,占星术对数字概念的影响可能很大。以下是有关数字 7 在巴比伦时代地位的评论,摘自一本关于中世纪数码主义的著作:

在发现了 7 天、7 风、7 神和 7 魔鬼之后,天文学家开始寻找 7 行星。令人惊讶的是,他竟然成功了!他的探索是漫长而又艰难的。在最初的日子里,只有木星和金星被认为是行星,但当他发现了 7 颗行星时,他的任务也就结束了,他不需要再找了。这些行星成了"决定命运的神祇",后来又被指定为统治每星期 7 天的神明,而这一概念似乎直到公元前 1 世纪在亚历山大才得到普遍认可。

"与此同时,巴比伦的祭司、地理学家将地球划分为 7 个区域,建筑师建造了有 7 个台阶的古迪亚斯神庙,代表了世界的 7 个区域。金字形神塔巴别塔最初有三、四层高,但从来没有五、六层那么高,它们是专门为 7 颗行星设立的,也是由 7 个台阶组成的,用的是 7 色釉面砖,它们的角度面对四个不同的方位。这 7 个台阶象征着一直向上直到天堂,到达顶峰之人会获得永世的幸福命运。生命之树,有 7 个枝干,每个枝干上有 7 片叶子,这可能是希伯来书中 7 支烛台

---

① 译者注:vague 是形容词,原意是模糊的,这里被当作动词意义使用。

② 译者注:数字命理学,又被称为占卜算术。数字命理学相信每个数字都有独特的共鸣频率及其特殊的属性和意义,数字可为人们解释世界的发展提供线索。数字命理学信徒坚信任何事都并非出于偶然,而是由数字的影响和作用所决定的。

的祖先。甚至连女神都会用7个名字来称呼,并以之为荣。”①

这类证据是否能证明像7这样一个数字已达到“名词”地位,当然是有争议的,但仅凭描述性特征就说数字7达到这个地位,也是不能让人信服的。也许,以一种现代数学家难以想象的方式,承认前文所说的神秘地位介于名词的一般描述性特征和客观性特征之间,或许较为接近事实真相。实际上,这一阶段数字的进化是否能够代表其在今天人们心目中的地位,这是个有趣的猜测!可能现代普罗大众和古巴比伦人心目中的数字概念(也许是“全部”数学)完全一样。例如,大家都只考虑对“幸运数字”的信仰,或对数字命理学和数字命理学家持续成功的职业有普遍信仰。②

莫里茨引用过鲍尔描述现代时期幸存的一个关于数字7神秘力量的经典例子:“巴勒莫的皮亚齐发现了谷神星,更为有趣的是宣布这一消息时,黑格尔的一本著作中也宣称了这个发现。在该著作中,他严厉批评天文学家没有更多地关注哲学。他说,哲学是一门科学,而哲学已经表明,绝对不会出现超过7颗行星。因此,对哲学的研究将避免在寻找永远无法找到的事物本质问题上愚蠢地浪费时间。”③

2.3.2 关于数的科学

与自然科学的情况一样,数学也得益于神秘主义。毫无疑问,毕达哥拉斯学派(参考2.3.4小节)很明显地体现了这点,而在巴比伦早期似乎也是如此。一块块纯粹的数字泥板作品证明了寺庙抄写员对“数的科学”所产生的影响。对巴比伦数学成就的研究表明,那个时代的数学是一种“数的科学”。人们汇编了详细的乘法表,同时认识到,除以一个数 n 等于乘以它的倒数 $\frac{1}{n}$,还发现可用于除法的倒数表(人们提出了求倒数的巧妙方法)。其中的一些数学问题,

---

① Hopper, V. F. Medieval Number Symbolism: Its Sources, Meaning, and Influence on Thought and Expression [M]. New York: Columbia University Press, 1938: 16-17. 译者注:赫珀(Vincent Foster Hopper, 1906—1976)是纽约大学英文系教授,其妻子是著名的程序员格蕾丝(Grace Murray Hopper, 1906—1992),Bug一词的著名轶事就与她有关,她发明了世界上第一个编译器,编写了著名的计算机程序语言COBOL.

② 可参考:Bell, E. T. Numerology[M]. Baltimore: Williams and Wilkins, 1933.

③ Moritz, R. E. On Mathematics and Mathematicians[M] New York: Dover, 1914: 212. 译者注:莫里茨(Robert Edouard Moritz, 1868—1940)是德裔美国数学家,曾担任华盛顿大学数学系主任30多年。鲍尔(Walter William Rouse Ball, 1850—1925)是英国数学家、律师,他撰写的数学史、剑桥数学史和数学娱乐方面的书籍影响深远。皮亚齐(Giuseppe Piazzi, 1746—1826)是意大利数学家、天文学家,谷神星的发现者。黑格尔(Georg Wilhelm Friedrich Hegel, 1770—1831)是德国著名哲学家,他的成就代表了德国古典哲学的顶峰。

如人们过去在教科书中看到的问题一样,有时与“现实生活”中的实际情况几乎没有任何联系,说明了当时这种关于数的科学的抽象特征。此外,它最终进化成了所谓的“代数”——一种我们通常会联想到的没有符号的“字词”代数,包括一种求解二次方程的标准方法,这种方法与现代方法类似,但缺少符号表述。甚至连三次方程和四次方程(以及可降次求解的高次方程)似乎也已被解决。对于在一定利率下货币增长到一定数额所需时间的指数方程问题,显然是利用了幂级数表,再通过插值法解决的。

这些技能大多是在文化压力作用下发展起来的,这一点似乎很清楚。有证据表明,人们热爱“纯粹的”算术,却没有应用的想法。但通常情况下,即使是脱离物理“现实”去解决一个问题,也无法摆脱应用的影响。就像埃及数学一样,我们发现一个又一个问题得到解决,但是能被现代数学家称作“理论”的却少之又少。

此处应特别注意巴比伦关于数的科学的另外两个方面,它们对以后数学的发展有重要意义。其中之一是关于定理和证明的概念。历史学家通常指出,巴比伦数学不包含任何我们称为定理的内容,即带有逻辑证明的概括性陈述,它只是“解决这个或解决那个”之类的具体事务。[这里类比的是今天学校课程“改革”(见引言,“4. 数学教育的现代‘改革’”)之前,小学数学的大部分教学都是在实践中进行的,令人怀疑它是否已经超越了巴比伦阶段]。黏土泥板上有充分的证据证明抄写员们所接受的“训练”,都是相同类型的问题。但纵然如此,我们在这种训练中仍能找到可称为定理的“直觉”证据。没有给出明确的定理表述,并不意味着他们的现代数学家在定理中所体现的一般性质或规则在当时不为人所知。反之,巴比伦人知道勾股定理(见 3.2 节),并不意味着他们发现了它的公式或概括性陈述,“毕达哥拉斯”数表和其他证据仅表明他们认识到定理的内容。① 再比如求解方程组和二次方程的过程,虽然他们仅以一个又一个的例子来加以说明,但如果有可用的代数符号和工具,则有可能会很好地用适当符号的“定理”形式来说明。显然,他们所处的是抽象符号尚不能够明确表述一个定理的阶段。然而他们清楚地知道,遵循某些特定程序行事,便总会取得某些预期结果,尽管他们可能不会将其高度概括成一般命题。

---

① 特别地,请参阅 Neugebauer, O. The Exact Sciences in Antiquity[M]. Providence: Brown University Press, 1957: 35-56. 关于一块泥板上,正方形对角线长度由三个六十进制小数近似逼近,诺伊格鲍尔指出:“上述确定正方形对角线长度的例子充分证明了毕达哥拉斯定理,早于毕达哥拉斯一千多年前就已经存在了。”该碑的图片在本书第 51 页。

此外，诺伊格鲍尔和萨科斯①的研究表明，巴比伦人确实提出过一些基本问题的简单证明。最新破译的泥板显示，他们利用对倒数的理解来证明，也就是“检验”表格中的倒数：记录数字 n 以查找 $\frac{1}{n}$ 的关键数，然后用相同的方式处理 $\frac{1}{n}$，以表明 $\frac{1}{n}$ 的倒数为 n。从广义的角度来看，我们可以认为这类方法是后来大家熟悉的、更精确的“证明”概念之前身。然而，当时流行的“证明”方法是一种实用技巧，即让待证的“定理”（这里只有口头陈述或公式）在一个又一个实例中“发挥作用”，这些实例的积累构成了所谓的“证明”。即使在今天，这也是对自然科学理论的一种证明方法。从巴比伦文献记录中可以推断出，这是巴比伦数学中使用的一个证明类型。毕竟，“证明”只是一种“验证”形式，而在当今的数学中，并不是每一种数学命题都是用逻辑方法来验证的。通常只有一般定理才能在逻辑上得到证明。对于巴比伦数学家的特殊情况，验证不需要逻辑（例如当我们“证明”，即验证 2 是方程 $x^2-3x+2=0$ 的根时，我们就会模仿这种方法）。

总之，在巴比伦数学中，他们可能通过口头陈述其掌握的数学原理和规则，留给后人的则只有他们用来说明这些原理和规则的例子，这些例子在黏土泥板上刻下，而后被烘烤晒干，以此保存。如果是这样的话，那么他们离一般定理的概念就不远了。如果只是反对没有一个逻辑证明的“定理”，那么距离真正的定理概念就还有很长一段路要走，这将是以我们自身的认知为标准进行判断的。但我们不能忘记，对需要“证明”的概念，因为文化和年代的不同，他们的“证明”可能不如后来希腊人那样可靠或精确（顺便说一句，希腊人的标准同样也很难达到我们今天的标准），但从他们自己当时的文化标准的角度来看，这是相当有效的，也是十分令人满意的。

2.3.3 巴比伦统治末期数概念的地位及其符号化

巴比伦人在哪里留下数的概念呢？他们取得了显著的进步，这一点现在是有目共睹的。从美索不达米亚子文化（现在人们将其称为“巴比伦”）的起源中，可以推断出它的“数学”是以计数形式开始的，这种计数形式即为十进制或六十进制，或是二者混用。就自然数符号而言（即“计数数”），巴比伦文化构建了一个与我们今天所使用的计数系统一样丰富的六十进制体系（除了复杂的数码化），并补充进了符号零和位值制，使之能够表示任意大的数字。此外，他们还认识到，同样的体系也可被扩展到分数符号。但他们并没有完全将其应用

---

① 译者注：萨科斯（Abraham Sachs，1914—1983）是美国著名的亚述学家，以研究楔形文字闻名学界。

于任意分数,因为这将需要无穷序列的符号概念。然而,即使是希腊世界的杰出继承者,也没能认识到一般实数理论的重要性(见第 4 章)。因为直到 19 世纪,数学界才构建出这个理论体系。后者的发展需要一种数学内在的文化压力(稍后将加以描述),这种压力在希腊时代是存在的,但在这种压力的作用下,仅仅产生了数的几何形式:"量"——这是欧多克斯的杰出成就。

巴比伦人已经形成了某种数的"概念",这一点可从抄写员对数字命理学的理解(如数字 7 的例子)中一目了然。例如,巴比伦"数的科学"虽然可能仅限于特殊的从业者(如寺庙抄写员),但他们的文化水平无疑至少有今天普通大学毕业生那么高。此外,这种"数的科学"在巴比伦文化中,显然构成了今天被称为"数学"的全部文化元素。那时出现的几何学似乎仅仅是一个次要元素(见第 3 章),尽管它有重要的实用价值,而且数的科学在其中也有广泛应用。也有证据表明,它的方法论性质让人想起毕达哥拉斯学派在数论中使用的几何形式。

2.3.4 毕达哥拉斯学派

随着巴比伦科学后来的发展,希腊文化中出现了一批哲学家和神秘主义者,史称"毕达哥拉斯学派"。根据希斯的说法,[①]该学派的创始人为毕达哥拉斯(约公元前 572—公元前 497,或稍晚),时传其人是泰勒斯的学生。他早年大部分时间都在旅行,吸收埃及人和巴比伦人的数学和天文学思想,最后定居在意大利南部的一个希腊海港(克罗托纳),并在那里创办了他的学派。尽管毕达哥拉斯,也许是泰勒斯,可能只是作为一种手段,将有关某些起源的传统都集中在一个特殊人身上,但毫无疑问,曾经存在这样一个具有宗教和政治色彩的群体,将数和几何学进行了奇怪的融合。在这个群体中,数可能达到了它空前绝后的神秘感和绝对性。"万物皆数"是毕达哥拉斯学派哲学中的常用语。"数字是不变的和永恒的;就像天体一样;数是可理解的;数科学是宇宙的钥匙。"[②]数与声音间联系的建立常被认为是哲学的起源。[③]

不幸的是,毕达哥拉斯学派中概念的起源似乎仍然是历史上最大的谜团之一。人们对它们的了解比巴比伦关于数科学的起源要少得多。对巴比伦数学

---

① Heath, T. L. A History of Greek Mathematics[M]. Vol. I. Oxford: Oxford University Press, 1921: 67. 译者注:希斯(Thomas Little Heath,1861—1940)是著名的数学史家,以研究古希腊数学尤其是《几何原本》而著称学界。

② Russell. B. The Principles of Mathematics[M]. 2nd ed. New York: W. W. Norton; London: Allen & Unwin, 1937: ix-x. 罗素(Bertrand Russell,1872—1970)是著名数学家、哲学家,其名著《西方哲学史》《数学原理》《哲学问题》在学界影响深远。

③ 也就是说,和谐的声音是由自然数长度比表示的弦所发出的。

的了解,是因为保留下来的黏土泥板上记载了许多早期数字的性质和应用,而毕达哥拉斯学派的著作都已散佚。我们必须依赖后人的记录获取相关资料,但对他们来说,毕达哥拉斯完全是一个传说中的人物。我们甚至不清楚亚里士多德是否相信毕达哥拉斯的存在,也不知道他是否对毕达哥拉斯的数概念有自己的确定看法。[①] 对于像泰勒斯和毕达哥拉斯这样的人(可能只是为了"解释",人们才创造了这样的先贤),从文化的角度来说根本不是对概念起源的合理解释。相较之下,根据我们对牛顿所处时代数学状况的了解,其起源是相当清楚的。但对毕达哥拉斯思想形成的文化环境,我们实际上几乎一无所知。[②] 单单以后人著作为凭未免有些草率,因为他们之间不免有意见分歧,且叙述问题时定会存在明显的虚构元素。众所周知,希腊哲学的一个突出特点是它对人和宇宙本质的质疑和探究始终保持着好奇心,它的重点是建立"第一原理"。在这样一种氛围中,一个具有神秘倾向的"学派"得出一种基于数的存在的理论,也许并不令人惊讶。

但除此之外,人们可能会好奇:为什么巴比伦数的科学没有通过传播方式影响希腊人的思想呢? 在这里,人们只能猜测。在希腊后来出现的文化中,尤其是在托勒密(天文学家)和丢番图的作品中,可以清楚地看出受到巴比伦文化影响的痕迹。但在公元前约 500—公元前 700 年期间,从文化学的角度来说,毕达哥拉斯的思想可能正在发展,似乎很少有证据表明其受过巴比伦影响。古希腊哲学家可能已经意识到了巴比伦数系,但没有洞察出其中固有的可能性。在从一大堆已存在的(希腊和其他文化的)数系中有意选择六十进制位值计数法之前,必须有一个明确的需求(文化压力)(后来在希腊天文学中就有)。据推测,在我们所说的(公元前 600 年左右)那个六十进制计数法甚至可能不包括符号零(除了 2.2.2 小节中提到的其他缺陷)的时代,这种需求大概还尚不存在。

希腊文化是发生了改变的,从早期的古希腊雅典阿提卡数字被后来的爱奥尼亚字母体系逐渐取代(见第小 2.2.2 节)可窥见这点。[③] 正如已经观察到的,后来的希腊天文学家确实采用了巴比伦的六十进制计数体系。但很少有证据表明,在我们所说的体系形成初期,它会对希腊人有什么普遍吸引力。事后看来,希腊哲学家并没能认知巴比伦数系的可能性,这似乎是一个不幸。

---

① Heath, T. L. A History of Greek Mathematics[M]. Vol. I. Oxford: Oxford University Press, 1921: 66.

② 用牛顿的话说就是"我站在巨人的肩膀上"。

③ 也可参见:Heath, T. L. A History of Greek Mathematics[M]. Vol. I. Oxford: Oxford University Press, 1921: 30.

毕达哥拉斯数字神秘主义的特点在各种著作中都有详细论述,我们现在只需回忆其中几个(更多的细节将在第3章中讨论)。就像巴比伦人“给他们的每位神祇都赋予一个60以内的数字,每个数都代表了他们在天上的等级”一样。毕达哥拉斯学派也把“50以下的大多数字都赋予了神圣的意义”,他们认为“偶数[2,4,6,…]具有女性的人格,属于尘世;奇数[1,3,5,…]具有男人的特点,代表天体的本性。”①

“每个数都有人类的属性。1代表理性,因为它是不可改变的;2代表意见;4代表正义,因为它是第一个完全平方数,是相等数2的乘积;5代表婚姻,因为它是第一个女人数和第一个男人数的结合[2+3=5](1不被认为是奇数,因为它是所有数字的‘来源’)。”②

这种神秘主义也给数学带来了好处。毕达哥拉斯学派对数的关注显然就是今天所谓数论的思想渊源(比前述巴比伦人的浅显开端更进了一步)。希腊人称它为算术(欧洲最近(指当时)才出现这个名字)。人们不由得猜测(这是我们唯一所能做的),真正的科学理论是怎样伴随如此深奥的数字神秘主义一起产生的。我们可以说,数字命理属性把数提升到它们在功利主义发展阶段所没有的重要性。从“卑微”的出身开始,它们现在变得具有神秘意义。那么,还有什么比研究它们的固有特性更自然的呢? 也许这些特性会给出一些迄今为止仍在蒙尘的神秘解释。

偶数和奇数的区别是有神秘意义的,但从数论的角度来看,奇数和偶数不过是一种基本的分类。“亲和数”或“友好数”的概念也被归功于毕达哥拉斯学派,后来,费马、笛卡儿和欧拉对此都很感兴趣。③ 所谓亲和数,即其中一个数是另一个数所有真因子之和,反之亦然。相传,毕达哥拉斯在被问到“什么是亲和数”时回答,一个人就是另一个我,要像220与284一样亲密。④ 这对数字获得一种神秘的光环,毕达哥拉斯的信徒后来坚信,两个护身符上有这样的数字,就能在佩戴者之间建立起完美的友谊。这些数在魔法、巫术、原始天文学和

---

① Dantzig, T. Number, the Language of Science[M]. 4th ed. New York: Macmillan, 1954: 40-41. 译者注:丹齐克(Tobias Dantzig,1884—1956)是美国数学家,写有很多流传广泛的数学与科学普及著作,该书中译本可参见:[美]T. 丹齐克. 数:科学的语言[M]. 苏仲湘,译. 上海:上海教育出版社,2000.

② Dantzig, T. Number, the Language of Science[M]. 4th ed. New York: Macmillan, 1954: 41-42.

③ 详见:Heath, T. L. A History of Greek Mathematics[M]. Vol. I. Oxford: Oxford University Press, 1921: 75. 脚注一中欧拉描述了61对亲和数。

④ 详见:Dantzig, T. Number, the Language of Science[M]. 4th ed. New York: Macmillan, 1954: 45. 或 Heath, T. L. A History of Greek Mathematics[M]. Vol. I. Oxford: Oxford University Press, 1921: 75.

占星术中扮演着重要的角色。[①] 同样,"完全数"(也就是它的真因子之和等于它本身)[②]也被一些人认为是毕达哥拉斯学派感兴趣的数。[③] 从希腊时代至今,完全数在数论上一直具有重要意义。欧几里得《几何原本》中一个经典结果是,如果 2^n-1 是素数(其中 n 是大于 1 的自然数),则 $2^{n-1}\cdot(2^n-1)$ 是完全数。[④] 那么,当 $n=2$ 时,便得到最小的完全数 6。既然这样的数显然是偶数,那么人们就有理由怀疑是否所有的完全数都是偶数,这是数论中一个未解之题。[欧拉表明,如果一个完全数是偶数,那么它必须具有欧几里得定理中所述的形式[⑤]]。

无论真实的历史细节如何,数字神秘主义在数概念的形成和数论创立过程中都发挥了重要作用,这一点似乎是很明显的。数字命理学和数论最终分道扬镳,就像占星术和天文学分道扬镳、炼金术和化学各奔前程一样,其中一个是作为现代"数字命理学家"在股票交易时的工具,而另一个(引用高斯的话)成为"数学的女王"。据推测,这种分裂并没有在毕达哥拉斯学派中发生,两者是通过一个共同纽带联结的。对于"毕达哥拉斯主义"来说,数(指自然数 1,2,3 等)可能达到了相当于现代的抽象程度。

2.4 插　曲

数概念的进化,从最初基本计数形式到希腊人对数字的理想化,都涉及一种日益抽象的思维方式。此外,这是一个由文化动力驱动的过程:环境压力特别是文化压力,都导致了原始计数和符号化,不仅有助于数达到客观的(名词)和一种运算状态,而且还提供了"具有时间约束力"的工具,使它能够继续增长,而数在美索不达米亚平原文化之间以及后来整个希腊地区的传播,所有这些都使得数概念日益抽象。事实上,文化整合也起到了同样的作用(见 2.2.3 小节)。甚至文化滞后和文化抵制在这一过程中也发挥了重要作用。到

---

① Eves, H. W. An Inroduction to the History of Mathematics[M]. New York :Rinehart and Co. , 1953:55.

② 例如,6 是一个完全数,因为它的真因子是 1,2 和 3,6=1+2+3.

③ 希斯坚持认为他们用这个词的意义不同,详见:Heath, T. L. A History of Greek Mathematics [M]. Vol. II. Oxford:University Press, 1921: 294.

④ 详见:Heath, T. L. A History of Greek Mathematics[M]. Vol. II. Oxford:Oxford University Press, 1921: 421,命题 36.

⑤ 详见:Eves, H. W. An Inroduction to the History of Mathematics[M]. New York :Rinehart and Co. ,1953:56.

毕达哥拉斯时代,数的计数和表意文字已传播到地中海东部地区,数的思想已经成熟,在毕达哥拉斯神秘主义的抽象中得到体现。这种进化的高潮,通常与柏拉图联系到一起,是将数具象化到一个理念世界,在那里不仅有数的"真实"形式,而且还存在着其他数学概念的"真实"形式。从这个观点来看,数是独立于它的人类用途而存在的,无论是在人类出现之前,还是在人类最终从地球上消失后均是如此。这种数概念仍被门外汉、数字命理学家、哲学家和数学家所广泛接受。然而,它的哲学有效性或无效性对我们来说并不构成问题。但作为一种文化现象,它的存在确实与我们相关,因为它涉及各种不同数概念的进化。

从希腊时代末期到 18 世纪,数的进化几乎没有什么进展。罗马是一个"务实"的民族,除计算所需的东西外,他们对数学并没有什么兴趣。比如他们已经学会使用算盘,[①]这与希腊疯狂热爱理论而冷落实践形成了惊人的对比。虽然在罗马帝国和欧洲文艺复兴之间的过渡期,"印度-阿拉伯"数码经历了一些微小变化,但它们的一般特征几乎没有什么重大变化。

随着完整的十进制数系(包括十进制小数)在斯蒂文时代及其后(参见 2.2.4 小节)的发展,它有望取得进一步的进展。然而,直到 17,18 和 19 世纪初的"经验主义"形成,我们才有所进步。到那个时候,人们才清楚地意识到"实数连续统"的意义,需要给出一个明确而清晰的基础。[②] 这是 19 世纪后半叶和 20 世纪早期的一项任务。由于几何学注定要在这方面发挥作用,所以我们先行回顾几何学的早期进化,特别是关于数与几何间的关系问题。

---

① 思考算盘对数字发展的影响很有趣。虽然它可能是早期的工具,但却暗示了位值制和符号零的出现。但是后来,它可能已成为数系发展的阻碍。

② 在没有基础的情况下,却能产生如此多且"好用的"分析学是数学史上的"奇迹"之一,然而这项工作所带来的遗传压力是建立数学基础的推动力。参见第 52 ~ 53 页的遗传压力。

几何的进化

第3章

如果算术没有受到几何的任何影响，那就只会有整数存在。正是为了满足几何学的需求，算术才会进一步发展。①

3.1 几何在数学中的地位

当听到"数学"这个词时，"普通的外行人"可能会立即想到计算，巴比伦人认为数学（如果他们有这样一个词的话）就是数的运算。另一方面，每个读过高中（这里指在现代课程修订之前，见引言"4. 数学教育的现代'改革'"）的人可能都会对数学课中的"几何"或"平面几何"有印象。如果上过这门课，就会发现尽管在算术和代数课程中已经解决过几何图形的测量问题，但还是与之前学过的数学截然不同。而在几何课程中，需要运用"逻辑"方法，从一些"公理"或"公设"等"假设"以及一些"定义"出发，去证明"定理""推论""引理"等。几何学科的整个发展过程完全不同于之前所熟悉的数字运算和代数。② 也许有人会好奇：为什么会这样？如果这是一个"与众不同"的孩子，那么他可能会考虑为何人们一开始就将这门新型的学科定义为"数学"呢？如果是这样的话，那么他不会是唯一一个这样想的人，考虑下面的引文：

① Poincare, H. The Foundations of Science[M]. Lancaster, Pa.: Science Press, 1946: 442.

② 最近教学方法的转变将所谓的公理方法引入算术和代数，而使得从后者到几何课程的变化不那么突然。

首先引用的是一位著名分析学家的一本书。① 这位分析学家虽然主攻分析学，但却是以数而非几何学为其工作的思想基础，尽管这门学科很大程度上要归功于在几何情境下提出的思想，而现代分析学充分利用了数学中源于几何学的一个分支——拓扑学。“约当定理”或称“约当曲线定理”是拓扑学中最著名的定理之一。这位分析家认为有必要考虑以下问题：

“约当定理……不可避免地证明了‘数学不包含几何’，不论是欧几里得几何还是其他的几何。”

这是一个奇怪的说法：它引用了一个几何定理，却从数学中将几何学一脚踢开。现在将它与以下内容进行对比，摘自一本关于几何学基础的书：②

“几何学中的任何客观定义都可能涉及‘整个数学’。”

这些非主流的观点，并非出自山野村夫之口，而是德高望重的知名数学家（至少有两位，维布伦和怀特海——他们的研究对数学发展有重要贡献）所发表的。这些观点为什么会被同时代的数学家提出，我们暂且不展开讨论，日后再议。我们目前至少可通过这件事窥见专业数学家们对几何学的建构并未达成共识，正如他们对数学的建构同样意见相左一样。此外，他们还提出一个问题：“几何学起初是如何被纳入数学大家族的呢？”

尽管有这些言论，却仍有一些研究对象会被每一位数学家称为几何——欧氏几何就是一个优秀案例。上述引文的作者保罗·迪涅斯就不会在数学领域里分给欧氏几何一席之地。他在这个问题上可以自圆其说，这是我们必须承认的。还有很多观点认为欧氏几何实际上是物理学的一部分。事实上，希腊人相信他们的几何学是建立空间与空间关系的科学，这里的“空间”指的是物理空间，这种说法当然有充分的根据。“几何学”一词本身是希腊语中“地球”和“度量”两个词的复合。换句话说，“几何学”在字面上取“度量地球”之意。因此，从词源学角度考虑，人们会认为这个词表示土木工程的一个分支。此外，在17世纪笛卡儿和费马引入解析几何之后，我们可以说欧氏几何体系的重要性已不言自明了。

但“几何学”一词的含义一直在不断变化，并被赋予新的意义。此外，还有

---

① Dienes, P. The Taylor Series: An Introduction to the Theory of Functions of a Complex Variable [M]. Oxford: Clarendon Press, 1931: v. 译者注：保罗·迪涅斯（Paul Alexander Dienes，1882—1952）是匈牙利数学家、哲学家、语言学家和诗人。

② Veblen, O., Whitehead, J. H. C. The Foundations of Differential Geometry[M]. Cambridge: Cambridge University Press, 1932: 17. 译者注：维布伦（Oswald Veblen，1880—1960）是美国数学家，曾任普林斯顿大学校长、美国数学会主席（1923—1924），主要贡献在射影几何与微分几何；怀特海（John Henry Constantine Whitehead，1904—1960）是英国数学家，是同伦论的奠基人之一。

非欧几何学、射影几何学、微分几何学等，以及一些像拓扑学这样的学科。显然它们已经突破了旧式几何学的模式，但大多数数学家仍会把这些理论贴上几何学的标签。人们是否会同意这些学科在所有表现形式上都是“数学”的一部分呢？这个问题可以另当别论。而有些人可能会坚持认为，只有在用代数和分析的语言表达它们时，它们才能被当成是数学。另一方面，人们可能会反对这样的观点，认为只有基本概念才是重要的。只要这些概念不发生扭曲，无论是以分析的语言，或是用通俗的语言表述，都是无关紧要的。一个人如何表达自己的想法可能只是品味问题，而最重要的是要把它们清楚地呈现出来。大多数数学家厌恶那些冗余累赘、模棱两可的表达方式。因此，欧氏几何的一些定理，更容易用代数方法而非传统的综合法（逻辑推理）证明，反之亦然。因此，可能大多数数学家都接受这两种方法，这也意味着他们选择保留几何学在数学中的地位。

回到“几何学”一词含义不断变化的特征上，毫不夸张地讲，没有哪个数学家能够给出“数学”这个词的定义且能赢得普遍认可。但这并不妨碍我们毫不犹豫地使用数学这个词，所以我们同样毫不犹豫地使用“几何学”这一词。尽管在该词的各种特殊用途上存在分歧，但它仍然存在一个有用的普遍内涵。实际上，对这个词，我们通常情况下都要用个合适的形容词来修饰，如“画法几何学”“代数几何学”，以及其他已经提到的术语。此外，还经常听到一个人被贴上几何学家的标签，这表示他在一个被称为几何学的领域里工作，正如人们偶尔会听到某个系主任说，希望有人能教“几何学”课程一样。

3.2　前希腊几何学

当然，几何学并非一直如现在这般。曾有一段时间，“数学”中没有任何东西可单独归类为几何学。现在的“直觉主义者”认为数学可以通过构造方法从自然数中推演出来（见6.2.2小节）。因为在那个时候，数学仅仅包括整数和分数的运算，以及代数的雏形（尽管很了不起）。当然，符号上的缺陷对任何现代数学家，无论是不是直觉主义者都是不能接受的。而最近（指当时）研究发现，尽管有符号上的短板，但这种早期数学还是达到了一个相当惊人的水平。虽然证明是现代数学中不可或缺的一部分，然而（正如第2.3.2小节中已指出的那样）我们目前除了通过“检查”结果以“证明”结论的初等形式（例如，通过验证其倒数还是原来的数来证明倒数的正确性），没能发现这个古老数学中存在“证明”的证据。但是，这并不意味着巴比伦人没有证明他们的规则（见2.3.2小节），只是就像今天的自然科学一样，其证明是经验性的。毫无疑问，这导致他们的一些规则是不正确的。然而,从方法论上来讲,巴比伦代数的成就是相当令人瞩目的。它不仅给出二次方程的解,还给出高次方程的解。值得注意的是,毕达哥拉斯三元数组的研究,目前保留在普林顿322号泥板上①。此外,巴比伦人甚至还得出了指数方程的解,例如,确定一笔钱以特定利率累积到预期数额所需的时间问题,与人们看到的一样,这是通过表格来实现的。正如诺伊格鲍尔所指出的:“尽管我们目前对巴比伦数学的认识尚不完整,但毫无疑问,我们所研究的巴比伦数学发展水平,在许多方面可与文艺复兴早期的数学相提并论。”②

但这一时期的“几何学”是怎样的呢?当然,人们不奢望能找到我们今天称为“几何学”的东西。但这一词在其发展的任何阶段,都没有被赋予各种各样新的含义,那么人们更加不可能在巴比伦数学中找到我们所谓的“几何学”。我们需要对这个陈述做进一步的解释,尤其是巴比伦人比毕达哥拉斯早一千多年就知道勾股定理。③ 实际上,我们可以补充说明,如果“几何学”是数学的一个特殊分支,那么巴比伦数学中没有任何内容可被称为“几何学”。例如勾股定理,它体现了直角三角形三边之间的长度关系,但它不过是一种数学规则,和当时已知的任何其他测量法则无异。又比如用来预测一笔资金在一定时期内利息金额的规则。虽然巴比伦人不再认为勾股定理是一个特殊数学分支的一部分,就像现代数学家也不会认为金融数学是数学的一个特殊分支一样,后者只是一些特殊技术构成的数学应用,而不是数学本身的一个分支。同样地,巴比伦数学家也会把求面积等法则仅看作是由特殊方法构成的数科学之应用。

巴比伦人得到了计算平面图形和立体图形面积的方法(虽然并不总能得出准确的结果,详见脚注③文献中的列表)。正如诺伊格鲍尔所指出的那样,“从这个角度讲,按照一定规则分配一笔钱和将一个给定大小区域分割成若干

---

① 可参见:Neugebauer, O. The Exact Sciences in Antiquity[M]. Providence: Brown University Press, 1957: 36. 该书第二章是对巴比伦数学知识现状的一个通俗且权威的描述。显然,巴比伦人认为“毕达哥拉斯”三元数组是数量关系,即数之间的关系,而希腊人认为是几何关系,即面积之间的关系。译者注:普林顿322号泥板是指在1900年代早期于伊拉克,由美国考古学家爱德嘉·班克斯(Edgar Banks,1886—1945)发现,之后由乔治·亚瑟·普林顿(George Arthur Plimpton,1855—1936)于1922年买下,从此被称为普林顿322号泥板。

② Neugebauer, O. The Exact Sciences in Antiquity[M]. Providence: Brown University Press, 1957: 48.

③ 关于巴比伦人已知一些几何“定理”的列表,详见:Archibald, R. C. Outline of the History of Mathematics[J]. American Mathematical Monthly, 56, 1949: 8. 这些定理包括:矩形、直角三角形、特殊梯形的面积,棱柱体、直圆柱体的体积,以及圆锥或正四棱锥的平截锥体体积。译者注:阿奇博尔德(Raymond Clare Archibald,1875—1955)是布朗大学的数学史教授。

部分(比如均分)没有本质区别。在所有情况下,都必须遵守外部条件,可能要遵守继承条件,或是确定区域的规则,或遵守与工资有关的措施、习俗之间的关系等。一个问题的数学重要性在于其算术解,“几何学”只是许多可在实际生活中应用算术的学科之一……“几何学”[在巴比伦]不是一门特殊的数学学科,而是与其他表示日常物品数量关系的方式地位等同。如果我们谈论巴比伦的几何知识,那么这些事实必须被清楚地保留下来,因为几何学最终将在数学发展中扮演重要的角色。”①也就是说,“我们”之所以谈论巴比伦数学中的“几何学”,是因为我们熟悉的知识是其后续发展,它们也因此备受关注。

就埃及的“几何学”而言,似乎已掌握求任意三角形面积的法则,但缺乏有力证据证明埃及人熟悉勾股定理。另一方面,值得注意的是,埃及“几何学”中还包含了一个平截正四棱锥的体积公式,这个公式基本上就是现在所使用的。②

3.3 为什么几何学成为数学的一部分?

鉴于这些事实,我们自然会问:“我们所谓的几何学是如何进入数学的呢?”此外,巴比伦地区的其他特殊应用,像金融、天文学等,在西方文化的数学发展过程中从来没有成为“数学”的一部分,那为什么计算土地面积、木桶体积等诸如此类的内容却能划分到数学范畴中去呢?例如,为什么这种内容没能成为“工程学”的一部分呢?当然,它确实成为每位工程师和物理学家“研究工具”的一部分,但问题是它在纯粹数学中占的比重远大于工程学或物理学(当几何学披上分析学的外套时,想必那位认为古代数学不包括几何学的迪涅斯也会承认它是数学的一部分)。

当然,只有通过探索历史才能找到这些问题的答案。不幸的是,在这点上,历史真相是十分模糊的。我们突然就面临一个迅猛发展的希腊数学情形,其在内容和方法上都具有高度几何学特征,并且与巴比伦数字数学处于同一时期。也许是由于毁坏,也许是由于粗心大意,早期的手稿散佚、泥板损坏,这都使我们不得不依靠现有文献资料来了解当时的情况。对那些数学先贤和记录史实的人来说,他们似乎并不知道这些资料在今天被人们赞誉为希腊奇迹。显然,对参与推动希腊几何学诞生的革命者来说,所发生的事情一定是理所当然的。

---

① Neugebauer, O. The Exact Sciences in Antiquity[M]. Providence: Brown University Press, 1957: 45.

② Sarton, G. A History of Science[M]. Vol. I. Cambridge: Harvard University Press, 1959: 39-40.

如果要找到任何答案，那么我们就必须收集现有资料，尝试构建一个理论，尽可能地减少猜测。当然，我们还可以采用“快刀斩乱麻”的方法，将整个事件归结为“神启”。据说希腊最早一批推动几何学诞生的人中包括毕达哥拉斯创办的神秘学派（见第2章，2.3.4小节），从此人们便经常把“奇迹”当成答案。这让人联想起化石曾被解释为是在“化石制造力”作用下形成的。如果我们假设数学和人文学科一样，都是文化进化的结果，那就必须使用现在掌握的关于文化之间相互作用和影响的知识，来形成一个合理的解释。此外，人们也绝不希望只找到诸如“神启”之类的“片面”答案，而是预期一个由数学内部或部分来自数学进化主流之外相互作用成分所组成的复合体。

在这种情况下，传统的历史秉承英雄史观，倾向于寻找那些创造“奇迹”的“个体”。柏拉图（在《斐德罗篇》中）记载了苏格拉底的话：“我当时听说，在埃及的瑙克拉提斯，有个古老的神，其神鸟被称为朱鹭，他自己名为特乌斯（托特），他发明了数字、算术、几何学和天文学，还发明了国际象棋和骰子，最重要的是他还发明了字母。”当然，没有一个现代学者会接受这样的解释，但许多学者确实接受了由希腊历史学家，例如希罗多德和普罗克罗斯讲述的关于泰勒斯（约公元前624—公元前547）的故事——泰勒斯被认为是几何学的奠基人。“一个圆被直径平分”“等腰三角形的底角相等”“如果两条线相交，那么对顶角相等”这些几何学基本定理，都被归功于泰勒斯。① 但诺伊格鲍尔评论说：“这个故事清楚地反映了一个更先进时代应有的态度，这类事实需经严谨证明才能用于后来的定理。对于后来的数学家来说，似乎很自然地做出这样的假设：首先建立在逻辑基础上的定理，也应该按时间顺序排在前面。实际上，希腊历史学家的行为方式与现代史家的做法完全相同，但他们没有任何原始资料，只能根据自己时代理论的需求，恢复事件的顺序。我们今天知道，所有归于早期希腊哲学家的数学事实在许多世纪前就已为人知，尽管没有附带任何关于形式方法的证据，即公元前4世纪数学家口中的证明。”②

在许多方面，我们比历史学家更能解释希腊几何学的起源。从最近的研究中，我们揭秘了很多埃及和巴比伦的数学，而这显然不在希腊历史学家的研究范围之列。此外，人们对文化进化有了更多的认识，尽管对它们的运作方式并不总是持一致意见。因此，与其寻找奇迹、神或超人，不如寻找将巴比伦人和埃

---

① Archibald, R. C. Outline of the History of Mathematics[J]. American Mathematical Monthly, 1949,56: 17.

② Neugebauer, O. The Exact Sciences in Antiquity[M]. Providence: Brown University Press, 1957: 148.

及人的“思想”传入希腊文化的途径。毫无疑问，从巴比伦和埃及数学到希腊数学有一条联结纽带，希腊人可能从埃及借用了许多几何法则，也很可能从巴比伦人那里借鉴了将几何概念与算术和代数相结合的灵感。

3.3.1 数与几何量

几何概念被数学同化为一个早期基本组成部分，显然与数字在测量，特别是在长度测量中的使用有关。① 事实上，毫无疑问，数学中最基本的元素是“数”，与几何形式中最基本的元素——“线”（更基本的元素“点”是一个更晚才成熟的概念）联系起来，是几何学进入数学核心的必要条件。甚至这个简单概念也是长期进化的结果。早期希腊人并不认为每条线段都必须有长度，但已形成这个概念的萌芽。每当一位古代测量师拿出测量仪器，或者说，每次一位古代数学家根据测量师的行为编制问题时，这个概念的萌芽都会一点点成长。巴比伦人和埃及人都习惯于通过设计合适的问题来表达数学概念，而几何情境就是这类概念的主要来源和载体。数字与面积和体积有关，由于数字是可组合的，所以与面积和长度相关的数字，常被不加区分地进行加法或乘法运算（这种固有的运算错误直到很久之后才被发现）。

3.3.1a 几何数论

毕达哥拉斯数论（见 2.3.4 小节）无疑是最具有影响力的，它巧妙地将数与几何形式联系起来——将数分类为诸如“三角形数”“正方形数（平方数）”“五边形数”等就是一个很好的例子。将“三角形数”用点按下列方式排列：

```
               •                •
 •                             • •        …
           •       •         •  •  •
 1             3                6
```

类似地，将“正方形数”排列成正方形：

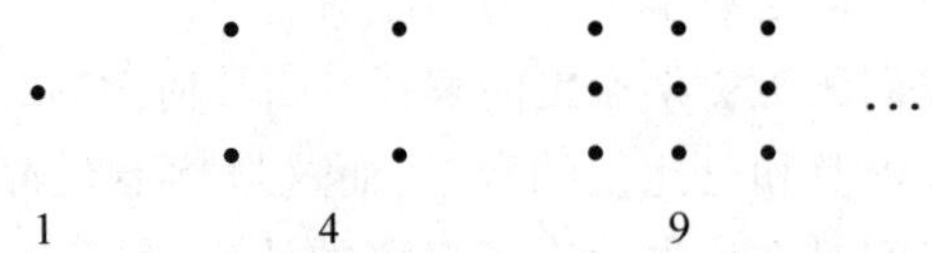

```
           •       •         •  •  •
 •                           •  •  •      …
           •       •         •  •  •
 1             4                9
```

几何形式也被用来推演数论事实。例如，将平方数的图形叠加在另一个上面：

① 因此，测量的起源和标准的制定类似于数字起源。在这两种情况下，测量或计数对象的直接比较都是在抽象到标准或数字之前。关于更多情况，请参阅：Childe, V. G. Man Makes Himself[M]. London: Watts &Co., 1948: 193.

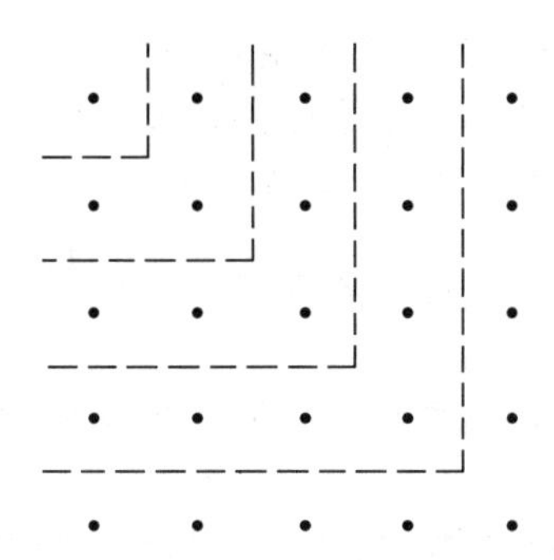

注意到每次叠加都是简单地在前面正方形的基础上,将增加的奇数个点作为新正方形的边界,由此可得出结论:从 1 开始,任意个连续奇数的和是一个平方数,即

$$1+3+5+\cdots+(2n-1)=n^2$$

该公式如今通常是通过算术级数求和法则或数学归纳法来证明的。

就纯几何问题而言,毕达哥拉斯学派到底有多少成就,尚有待商榷。巴比伦人和埃及人留下的几何学"规则",很可能被毕达哥拉斯学派继承了。有人说毕达哥拉斯独立地发现了这个以他的名字命名的定理,但许多人却对此表示怀疑。也许是他想出了这个定理的证明,从而树立了威信,就像现代数学家证明了从前的某个猜想后获得众人的拥戴一样。前面提到(37 页脚注)古巴比伦时期的一块泥板(耶鲁大学巴比伦藏品)上清楚地刻了一个正方形(图 3.1),并记载了如何近似计算正方形对角线的长度$\sqrt{2}$,小数形式为 1.414213(正确值为 1.414214…)。这个石碑不仅说明巴比伦人早在毕达哥拉斯之前就已经知道勾股定理,而且还体现这个时期早就出现的数("实数"意义上)与线之间的联系。

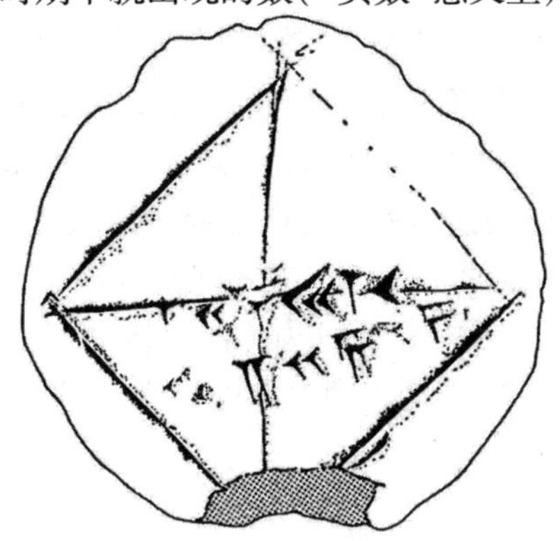

图 3.1　古巴比伦的一块石碑记录了正方形及其对角线。从水平对角线可以识别出数字 1,24,51,10,用来表示$\sqrt{2}$: 的近似值(源于耶鲁大学,斯特林纪念馆,巴比伦藏品的一张照片)

毕达哥拉斯哲学“万物皆数”,带来这样一个结果:默认了几何中所有线段都是可通约的,也就是说,任意两条线段的长度之比都可写成两个自然数之比(参见引言“3. 数学的人文特征”)。用符号表示如下:记两条线段的长度分别为 L_1 和 L_2,并将其统一单位(如厘米或英寸),则 $\frac{L_1}{L_2}=\frac{m}{n}$,其中 m 和 n 是自然数,即今天我们通常说的正有理数。在现代数学中,称用 $\frac{m}{n}$ 表示的任意数为“有理数”,其中 m 是整数(正数、负数或零),n 是自然数,符号 $\frac{m}{n}$ 称为有理分数。因此,自然数也是有理数,例如,2 可以用 $\frac{2}{1}$ 表示。同样,负整数也是有理数,例如,-3 可以表示为 $\frac{-3}{1}$;0 是有理数,因为它可以表示为 $\frac{0}{1}$;所有“真分数”,比如 $\frac{1}{3}$,$\frac{8}{9}$ 等,均为有理数。基于此术语,毕达哥拉斯学派最初认为所有线段长度之间的比值都是有理数,而一旦他们的证明方法以此为基础,那定会造成严重后果。当他们最终发现(历史学家似乎同意这一观点)正方形对角线与边的长度之比不是有理数时,[①]数学仿佛遭受了灭顶之灾。然而,由此产生的“危机”对数学却是大有裨益。传言毕达哥拉斯学派竭力保守这个已被发现的秘密,并溺毙了后来走漏风声的学派成员。但事实上,这可能只是希腊数学界感受到的压力之一(另一个压力是关于空间和时间连续性的芝诺悖论),并推动了几何学基础和证明方法的重构与改进。众所周知,希腊哲学家们一直在寻找通过逻辑推理建立数学理论的基本元素,而如果基本假设存在问题,那么如何纠正它大概就成了当前研究的一个课题。目前来讲,这个“纠正”要归功于一个不是毕达哥拉斯学派成员的数学家——欧多克斯,阿奇博尔德称他为“仅次于阿基米德的创造型天才”。[②] 他针对不可公度量和比例的工作,目前一般被认为是欧几里得《几何原本》第五卷的思想源头,也是 19 世纪戴德金实数理论的前身(参见第 4 章)。无论如何,“连续”以几何量的连续“线”方式,强行进入数学领域,并且将“数”概念嵌入有序实数连续统的工作也已经开始(直到 19 世纪末得以完善)。

从进化论的角度来看,这场“危机”的重要性在于,它给出了第一个说

---

① 这个比值是 $\sqrt{2}$,关于它是无理数的一般证明在本书 68 页的脚注中。

② Archibald, R. C. Outline of the History of Mathematics[J]. American Mathematical Monthly, 1949, 56: 20.

明——在数学进化中“内在”文化压力作用的优秀案例，我更倾向于称其为“遗传压力”。[①] 这是一种由一个体系“内部”的概念彼此间相互作用一段时间后蓄积而成的文化压力，积累的过程通常用时较长，且如前所述，它往往是出现“危机”的一个原因。[②] 危机之后，人们被迫认识到一个全新的数字类型，那就必须集中精力合理解决新问题。这里面没有外部环境的作用，也就是说，不是环境压力造成的。科学史家已经注意到遗传压力的存在，例如，萨顿曾说过：“……每一个科学问题都不可避免地提出了新问题，这些问题除了逻辑上有区别，没有其他界限。每一个新发现都潜藏着可以诱导出新方向的压力……，因此，整个科学架构看起来就像一棵树的生长：在任何情况下，树的生长对环境的依赖都是显而易见的，然而生长的主要原因是生长的压力——这在树的‘内部’，而不是在外部。”[③]显然，萨顿认为“生长压力”是遗传压力。在极具“逻辑”的现代数学中，遗传压力的作用无疑比自然科学更明显。

如果希腊数学家在此时意识到巴比伦六十进制中所用位值制体系的潜力，特别是可能用于表示分数，也许他们很可能已经开拓“现代”分析学了。但他们却沿着相反的方向继续研究几何学。毕达哥拉斯学派已经用线段或者构造更高维的几何图形来表示数字，如“正方形数”“三角形数”等，以此方式来进行数论研究，也正因为“几何”表示中出现了$\sqrt{2}$这样的不可公度数，才引发了“危机”。欧多克斯比例理论的优势是他用线段表示数字，以便用处理有理数的方式来处理无理数。

3.3.2 欧几里得数论，数与量

在希腊数学的发展中出现了一组新奇的对立事物（对我们来说），这是数字经几何化处理后的结果。为了说明此事，我们需要再次引用《几何原本》。首先，区分“数”和“量”。在欧几里得的术语中，“数”一词是指自然数，但 1 除外——他称 1 为“单位”，其他数都是由这个单位组成的。[④] 另一方面，“量”是一个类似于几何线段的范围或长度的概念，一条线段上一小段的“量”，小于整条线段的“量”（“量”还包括其他几何度量，如角度）。

---

① 压力被称为“遗传的”，而不仅是“内在的”，目的是强调它是从早期以及当前的数学概念中衍生出来的，这些概念结合在一起产生了压力。

② 可对比：Kuhn, T. S. The Structure of Scientific Revolutions[M]. Chicago: University of Chicago Press, 1962.

③ Sarton, G. Science and Morality[C]// Anshen, R. N. Moral Principles of Action. New York: Harper & Row, 1952: 444. 译者注：安申（Ruth Nanda Anshen,1900—2003）是著名哲学家、科学编辑。

④ Heath, T. L. The Thirteen Books of Euclid's Elements[M]. Vol. II. Cambridge: Cambridge University Press, 1956: 277.

从“前欧多克斯”的角度看,《几何原本》第七卷是特别有趣的。它立足于几何方法,发展了我们口中的“数论”元素,希腊人称为“算术”,并使用“logistics(计算的科学)”①一词来表示日常生活中数的应用。《几何原本》第五卷体现了欧多克斯的比例理论中对“量”的处理,而在第七卷中,又独立给出了“数”的比例理论。例如,第五卷的命题16如此陈述:“如果四个数成比例,那么它们的更比例也成立(即,如果 $a:b=c:d$,那么 $a:c=b:d$),”②而第七卷的命题13,同样也陈述为“如果四个数字是成比例的,那么这四个数的更比例也成立。”③

另一个例子是第七卷的命题2,它阐述了著名的欧几里得算法,该算法可用于求数的最大公约数。命题中有这样的叙述:“给出两个不是素数的数,求出它们的最大公约数。”④而第十卷命题3再次陈述:“已知两个可通约的量,求它们的最大公约数。”⑤

这种重复可以解释为,欧几里得想把单独的卷册看作是独立的单元,希斯接受了这个解释。⑥ 但关于第五卷和第七卷中比例理论的重复,他指出:后者只涉及通约数,可被认为是对欧多克斯比例理论被推广前的客观描述……为什么欧几里得没有自行省略重复的工作,把“数”当成“量”的一个特例,将第七卷中的论述并入第五卷的一般情况,而是针对“数”一次又一次地证明重复命题呢?他不可能不知道,“数”也属于“量”的范畴……即使在第十卷命题5中出现了一个含有四项的比例——两项是“量”,两项是“数”,他也仍然未将两种比例理论联系起来(该比例是:两个可公约的量之比等于两个数之比)。可能的解释是,当时欧几里得只是遵循了传统,当他发现这两种理论时,他就直接给出了结论。”⑦如果这个解释是正确的,那么它并不是数学史上唯一体现了传统的

---

① 译者注:“logistics”现在英文意为“后勤”,源自希腊文“Logistikos”,意为“计算的科学”。

② Heath, T. L. The Thirteen Books of Euclid's Elements[M]. Vol. II. Cambridge: Cambridge University Press, 1956: 164. 译者注:此定理通常称为“更比定理”,即交换比例式的两个内项,比例式仍然成立。两个比例式中后者是前者的“更比例”。

③ Heath, T. L. The Thirteen Books of Euclid's Elements[M]. Vol. II. Cambridge: Cambridge University Press, 1956: 313.

④ Heath, T. L. The Thirteen Books of Euclid's Elements[M]. Vol. II. Cambridge: Cambridge University Press, 1956: 298.

⑤ Heath, T. L. The Thirteen Books of Euclid's Elements[M]. Vol. III. Cambridge: Cambridge University Press, 1956: 20.

⑥ Heath, T. L. The Thirteen Books of Euclid's Elements[M]. Vol. III. Cambridge: Cambridge University Press, 1926: 22.

⑦ Heath, T. L. The Thirteen Books of Euclid's Elements[M]. Vol. II. Cambridge: Cambridge University Press, 1926: 113.

显著作用的例子。从自然数角度考虑,“数”在希腊数学的进化中占有特殊地位,它的名字“arithmos(算术)”与术语“melikotes(数量)”有着完全不同的含义,后者通常被译为“量”。

还有个比较有趣的事,在第五卷中给出了“比”(希腊文为“logos”)的定义:“同类量之间的大小关系叫作比”,但在第七卷中却未给出数(自然数)之比的概念。这可能是因为数之“比”是非常“普及”的“常识”,根本不需要解释。但在涉及不可公度量的情况下,还是需要证明一下这个词的新用法仍旧可行。

另一方面,人们不由猜测,这种“一分为二”可以令现代数学家清晰地认识到数的概念在计数方面(自然数)和测量方面(任意实数)的区别。巴比伦人和埃及人用自然数来确定整个物体包含单位长度的数量,也许正是由于这种做法,我们可以认为他们在测量中使用数,就像数钱那么自然。希腊人认识到了数的两种作用存在本质区别,这种区别也许是在解决不可公度问题时所表现出来的。它正如我们保留至今的“基数”和“序数”概念(见 2. 1. 2b),以及自然数作为“自然数”和“实数”的区别一样。在前希腊文化中,自然数作为“量”的作用是缓慢进化的,以至于希腊人甚至没能意识到区分“数”和“量”的必要性。虽然,和希斯所推测的一样,欧几里得是遵循传统的,但是将自然数赋予“量”的意义并单独处理,这样做的逻辑内涵本质上是相当现代的。

著名的素数“无穷性”定理,是欧几里得《几何原本》第九卷的第 20 个命题,它体现了希腊数学在数论中对“量”的应用。实际上,欧几里得给出了一种我们熟悉的“算法”(即“构造”某种实体的规则)。它阐述的主题是:已知任意一个有限的素数集合,在此集合外仍可找到一个素数。[①] 然而,他的证明过程用精确符号语言是这样描述的:已知 $p_1,p_2,\cdots,p_k$ 是素数,考虑数字$n=(p_1\cdot p_2\cdot\cdots\cdot p_k)+1$,如果 n 是素数,则通过观察可知它不是给定素数 $p_1,p_2,\cdots,p_k$ 中的任何一个;如果 n 不是素数,从 $n=(p_1\cdot p_2\cdot\cdots\cdot p_k)+1$ 的形式可以看出,n 的任何一个素因子也不是给定的素数之一,即不在给定的素数集合中。

从《几何原本》中用几何方式处理数的例子来看,我们还不能说当每一位雅典市民想买一件新的长袍时,他都得拿出尺规来计算一下成本。因为我们已然明确了(见 2. 2. 2a)当时的希腊人已经拥有一套相当适合日常事务和商业贸易的数系——爱奥尼亚体系。在以《几何原本》为例研究数论的年代,这种“按字母顺序”的数系(或它的前身“阿提卡体系”)已经被学者和商人用于普通计算。此外,像阿基米德这样的科学家也会使用它来计算,它的实用性可能是其在东罗马帝国一直存至 15 世纪的一个原因。而且,它似乎比笨拙的罗马数字

① 他的证明假设在给定的集合中有三个素数,但很明显,该过程也适用于任何有限的素数集合。

更适合日常使用。有趣的是，法国数学家塔内里为了熟悉希腊数字，练习了阿基米德《圆的测量》中的四种基本运算（见 2.2.2a）。根据希斯的说法，他发现希腊数字“具有他以前几乎没有想到的使用优势，用希腊数字运算并不比现代数字多用多少时间。”①

值得注意的是，新的文化元素——几何学在希腊文化中完全取代了数学，至少在方法上是这样的。② 据推测，几何学上升到主导地位的主要原因是几何学可以用来发现和证明数论定理，以及成功地用“量”充分处理一般的实数问题。当然，如果说希腊人眼中的数学只有几何，这肯定是错误的，因为后来有许多希腊数学家，如丢番图，他的研究，显然是以巴比伦代数学传统和希腊几何学传统为基础的。正如菲利克斯·克莱因③所言：“欧几里得并不打算把《几何原本》作为当时的希腊数学百科全书，甚至连他自己关于圆锥曲线的著作也没有囊括在内。”然而，在缺乏合适的代数符号时，阿基米德也借助了几何符号。当然，到了希腊时代末期，几何学已经成为数学的一部分（如果此前几何学未被数学吸收的话！）。有一段时间，希腊数学也吸纳了其他科目，如音乐，但不难看出为什么这些科目没有留在数学的主体中，而几何学做到了。这些其他学科更多还是数学特殊性质的应用，而几何学却更多地关注抽象形式，并不局限于任何一种自然现象。

3.3.3 数和几何的形式概念

由上所述，我们对数学吸纳几何学的原因做了最后的评论。正如欧几里得“几何代数”的例子一样，④几何学提供了数的直观表示和易于理解的运算方式，它也成了数学应用的得力工具。其中，“形式”在任何情况下都是应用的核心。天文学也是一个很好的例子：希腊人认为行星的运行轨迹是圆的，并在此基础上继续研究天文现象。如今，数字本身，特别是自然数 1，2，3，…，本质上与“集合”的形式有关，无论一个集合包含一个元素，还是两个或三个，都基于

---

① Heath, T. L. A History of Greek Mathematics[M]. Vol. I. Oxford: Oxford University Press, 1921: 38.

② 毕达哥拉斯学派的“四艺”由算术、几何、音乐和天文构成，似乎把算术与几何放在同等地位上，且一直坚持到中世纪。再加上语法、逻辑和修辞“三艺”，使它们构成了正式教育的基本知识。

③ Klein, F. Elementary Mathematics from an Advanced Standpoint[M]. Part II, Geometry, 3rd ed. New York: Macmillan, 1939: 193. 译者注：菲利克斯·克莱因（Felix Christian Klein, 1849—1925）是德国著名数学家，主要贡献是非欧几何、群论和函数论，1908 年任国际数学家大会主席。

④ 诺伊格鲍尔认为希腊的几何代数与巴比伦的二次方程的解之间存在直接联系的可能性，在这个问题中，要从已知的乘积及其和或差中求出两个数字 x 和 y。详见：Neugebauer, O. The Exact Sciences in Antiquity[M]. 2nd ed. Providence: Brown University Press, 1957: 149-150.

它的形式。如果这个集合是有序的,那么这也是其另一个特征形式,但数(即基数,见2.1.2b)是更为基本的。从这个意义上说,几何是我们在数学中研究形式和模式的延伸。这方面的问题可能也在希腊人关于几何的应用中得以体现,例如在算术中应用几何。不是说希腊人已提出了这样先进的数学"概念",而是在处理无理性或不可公度的问题上,不得已才把它看作是一种形式或模式的研究。

3.4 几何学的后期发展

不幸的是,与大多数古代著作一样,希腊数学著作的大部分也散佚或毁损了。关于它们的信息,我们除了依靠生活在几个世纪后的评论家,别无他法。然而幸运的是,在欧几里得所发表的不到十部作品中,有五部几乎完美无缺,而其中之一就是著名的《几何原本》。从那时起,这本书就被认为是完美逻辑的缩影(而以现代标准来说,它并不是):它从少量基本假设("公理"和"公设")和一组定义出发,依靠一条逻辑链可以推证出465个命题。我们已经看到,巴比伦数学和埃及数学都没达到这样的水平。希腊数学是如何一步步进化到这种程度的,这是一个值得猜测和讨论的问题。① 许多人推测,对芝诺的批评和不可公度性的发现构成了一种文化压力,足以迫使人们寻找一个共同的"基础",并由此推出几何学、数论和代数(尽管尚不成熟)的零散命题。欧几里得《几何原本》的成功无疑是早期同类作品之巅峰,以至于至今仍是现代平面几何和空间几何教材的范本(一般来说,其数论和代数部分,已被更现代的符号所取代了)。其逻辑演绎模式是公认的完美,甚至阿基米德和2000年后的牛顿还以类似逻辑模式公布自己的成果(虽然每个人都有不同的方法,但最终都得到了他们的结果)。

要想追踪几何学在后来的发展,这需要太多的技术细节。而在希腊时代到17世纪之间的这段时期,几乎没有任何证据表明存在新形式的进化痕迹。然而,符号代数的进步,以及艺术、建筑、天文学、工程和科学方面的跨越,都产生了足够的压力,促使几何学中形成了新的概念模式。这里只谈其中的两项成果。

---

① 详见:Szabó, A. Anfang des Euklidischen Axiomsystems[J]. Archive for History of Exact Sciences,1960,1: 37-106. 或见 Szabó, A. The Transformation of Mathematics into Deductive Science and the Beginnings of its Foundation on Definitions and Axioms[J]. Scripta Mathematica,1964,27: 27-48A, 113-139. 译者注:萨博(Árpád Szabó,1913—2001)是匈牙利哲学家、科学史家。

3.4.1 非欧几何学

平行公设——通常称为平行公理，是《几何原本》中欧几里得所做的一个基本假设。① 在引言的“3.数学的人文特征”中，我们讲述了该公设是否可由其他命题推出的问题，并说明了人们在这个问题上耗费多年心血的动机是“美学”。没有哪个数学家或其他领域的科学家愿意为某一理论建立一系列基本假设（“公理”），亦或引入其他理论进行逻辑推导。

在此情况下，数学家们的这种想法具备了遗传压力的所有特征，最终表现为一种难以抑制的挑战，迫使人们从其他公设出发对平行公设进行证明。及至中世纪晚期，数学界普遍有一种文化“直觉”，即这一假设不可能“独立”存在。显然，这是由“事物的本质”所导致的（参阅引言中对萨凯里工作的叙述）。

现在我们都知道，一个悬而未决的问题的解决很可能是由几个数学家合作完成而非一人之功。对此的合理解释就是文化基础。所需的工具，提出适当类似的概念等，都是在文化中积聚起来的，并被该领域中的负笈者汲取。当积聚到一定程度，造成了相当强的压力时，问题就会开始得到解决，并且不是由一个人，而是由几个研究者完成的。当然，这些解决方法未必能同时得出，这是难以预见的。但它们的问世时间可能比较集中，因而发表时间也十分接近（例如，波尔约和罗巴切夫斯基的情况）。此外，有多少人得出结论而没能发表，或千里之行只差临门一步的，现已无从考证了（高斯是个例外，因为他解决这个问题的办法可以为人所知，而许多名不见经传的小人物则就此埋没在历史长河中）。虽然大多数科学家都非常熟悉这些事实，他们也通常会引用其他结论，但由于平行公设问题有很长的一段时间都是未解之谜，故而他们纷纷对此摩拳擦掌、兴致盎然。人们可能会觉得，一个未解之谜的提出和“处于未解状态”的时间越长，那么出现解决方案的可能性就越小。但此类观点忽视了文化进化的方式，尤其是积累新工具和提出新概念的必要性。在平行公设问题得到解决之前的几年里，思想开始慢慢成形，特别是关于代数公理体系的形式化特征，无疑提供了解决问题的新思路。

3.4.2 解析几何学

解析几何的引入，为第2章2.2.3小节中所讨论的“整合”提供了一个很好的优秀案例。一个有趣的事实是，虽然《几何原本》的数论和几何代数已经被中世纪早期出现的先进符号所取代，但《几何原本》的纯几何方面继续以所谓

① 在《几何原本》中，基本假设以两种形式给出，一种称为公理，另一种称为公设。显然，公理是一种“普遍的”性质，如“等于同一事物的事物相等”。公设是“几何的”假设，如“所有直角都相等”。

的"综合法"形式,即以基于纯逻辑的证明形式存在。

尽管如此,17 世纪就出现了引入符号的想法,且在代数中使用这些符号方法已经实现了前所未有的高效和便捷。不出所料,几个创新者——特别是笛卡儿、笛沙格和费马几乎同时产生了这样的想法。我们暂且不讲述细节,这几位先辈的大体思路是用代数方程表示几何学结构,再依据代数法则来解释重要的几何定理。如此一来,在希腊数学中,代数依赖于几何学的发展,并(由于新的符号方法)已经独立发展到一个新的成熟阶段,现在则可以反哺几何学,而且比传统的逻辑方法更为简洁。

站在 17 世纪时期的视角来看,这是当时数学文化的两个元素——代数和几何学整合在了一起,由此产生了一种崭新的、更为强大的数学方法——"解析几何"。①

3.5 几何模式的传播对数学的影响

几何学"入侵"数学,对数学有什么影响呢?几何学为吸纳它的学科带来"好处"了吗?我们已经看到了希腊时期的一些影响:"数学"不仅不再局限于数的科学(如巴比伦人的构想),而且希腊数学从本质上变成了几何。此外,还有其他显著有益的贡献,对现代数学产生了深远影响。

3.5.1 公理化方法与逻辑导论

首先应该提到"公理化方法"的发明。希腊人想必是希望能在一个可靠的"基础"上研究几何学,避免出现芝诺悖论或不可公度量那样的危机,这才发展出数学上的公理化方法。事实上,先辈们一开始认为公理是几何学的"一部分",就像现在的学生把对数看作三角学的一部分一样。在"几何学"中,人们使用的是公理,而不是算术或代数(除非这些公理能够纳入几何学,当然希腊人也是这样处理的)。因此,引入公理化方法必须归功于几何学。

然而,有趣的是,数学家似乎是最后一批把公理化方法作为"一般"基础方法的人。几何学直到 20 世纪才将公理化方法作为基础,而公理化方法在其他

---

① 有些数学家坚持认为,这种解析几何起源于希腊人,希腊人使用的几何代数只需在现代代数中用符号解释,就能得出现代解析几何。上面的材料不应被认为是对此的反驳,它只是使用新代数符号和几何学的结合作为整合的例子。详见:Coolidge, J. L. A History of Geometrical Methods[M]. New York: Dover, 1963: 117. 译者注:库里奇(Julian Lowell Coolidge,1873—1954)是美国几何学家、数学史家,是姜立夫先生的博导。

领域早已广泛应用。相比之下,在 17 和 18 世纪,已有相当多的人试图在假设基础上发展社会和哲学理论,特别是在伦理和政治方面。斯宾诺莎的“伦理学”就是一个优秀案例,而且那些在数学界声名显赫的人,如笛卡儿和莱布尼茨,也与这些课题相关(莱布尼茨年轻时使用“几何方法”,即公理化方法来提出政治问题的解决方案)①。直到 19 世纪,公理化方法才开始在数学中被普遍接受。它不仅作为建立和推广数学和物理概念的手段,而且还被当作一种研究工具。通过诸如代数领域的汉密尔顿、高斯、皮科克②和其他数学家;力学领域的惠韦尔③;几何学领域的格拉斯曼、帕施④、希尔伯特和其他数学家,以及一般形式体系中的意大利逻辑学家皮亚诺及其追随者等人的开拓性努力足以证实这一点。如此重要的工具从几何学传播到数学的其余分支,花费了相当长的时间,这无疑是文化滞后和文化抵制在作祟。

“逻辑”作为公理化方法的一个组成部分,在数学中也获得了更为突出的地位:逻辑,这种独特的希腊思维方式,是公理化方法的核心,因而无须赘述逻辑在数学中的主导地位对数学来说意味着什么。而且,它在证明方法上的重要性是如此之大,以至于向来有人坚持认为数学实际上是逻辑的“延伸”,认为数学的“真髓”是逻辑推理。关于数学的“定义”,哈佛大学已故数学家本杰明·皮尔斯认为“数学是得出必要结论的科学”(1881 年);阿弗雷德·怀特海认为“广义上的数学是发展各种形式的、必要的演绎推理”(1898 年);伯特兰·罗素认为“纯粹数学是所有形如‘p 推出 q’的命题,其中 p 和 q 是命题”(1903 年)。以上都是世纪之交数学界得出的经典结论。然而,似乎可以肯定地说,这些观点在今天没有多少支持者。同时,公理化方法在逻辑学中的应用,诱导出所谓的“数理逻辑”,同时也揭示这样一个事实:当公理化分析时,“逻辑”并不是一个真正独特的理论,就像发明了非欧几何之后,欧氏几何的唯一性便被破坏一样。数理逻辑证明了另一种理论中的例子,这个理论只关注纯科学(引言“3. 数学的人文特征”),但却最终证明它应用十分广泛(如在计算机理论中)。显然,希腊逻辑方法在整个数学的广泛传播,对数学及其应用产生了深

---

① 关于这个有趣的讨论,请参阅:Bredvold, L. I. The Invention of the Ethical Calculus[C]// Jones, R. F. et al. The Seventeenth Century: Studies in the History of English Thought and Literature from Bacon to Pope. Stanford, Calif. Stanford University Press, 1951. 译者注:布雷沃尔德(Bredvold Louis Ignatius,1888—1977)是密歇根大学英文教授;琼斯(Richard Foster Jones,1903—1965)是斯坦福大学英文教授。

② 译者注:皮科克(George Peacock,1791—1858)是 19 世纪英国著名数学家。

③ 译者注:惠韦尔(William Whewell,1794—1866)是 19 世纪英国力学家,并涉猎地质学、矿物学、政治经济学、天文学、神学等多种学科的研究。

④ 译者注:帕施(Moritz Pasch,1843—1930)是德国数学家,擅长几何基础研究。

远影响。

3.5.2 数学思想革命

几何学对数学的另一个影响,可以通过它在19世纪数学和哲学思想革命中的作用而得出。当然,这场革命在很大程度上可归因于在代数和形式逻辑中越来越多地使用公理化方法。但非欧几何学的引入,决定性地推动了这场革命。革命的结果显而易见:数学不受某些"特殊"模式的约束,比如康德的"先天综合判断",亦或是我们自身对外部世界的感知模式。它能够创造"自己的模式",而这些模式仅受当时的数学思想状态及对数学或其应用意义的影响。如果数学想象不似这般自由,而是受到特殊应用的限制,那么现代数学很难诞生。数学在很大程度上要归功于几何学。此外,这样的自由已经渗透到其他科学分支,特别是物理学——目前(指当时)物理学的领导者爱因斯坦,便承认他的功劳在于认识到由纯粹数学发展而来的公理化传统性质。

3.5.3 对分析学的影响①

倘若没有几何学,分析学当然也可以发展。但是人们普遍承认函数和导数的几何表示、复数的阿尔冈平面等②,都有助于分析学新手来理解知识。这些概念的进化亦是如此。现在,所谓"经典分析"的早期发展历史表明,分析学家们在很大程度上依赖几何概念作为一种创造性和说明性的工具。事实上,一些早期的分析学与希腊几何代数的情况相似。因此,几何表示在分析学中也成了基础中的基础。

在柯西及其后继者之前的几个世纪里,曲线和切线的几何概念促进了微积分的发展。"积分是面积的极限;导数是曲线切线斜率的极限"在微积分教学中仍有价值。诚然,微积分还没有一个足够严密的基础来满足认真的数学家,直到抛弃几何学的外衣,改用基于连续统概念的纯算术来处理,这是由19世纪后期的数学家(魏尔斯特拉斯、戴德金等)发展起来的。但从进化的角度来看,几何学对微积分发展的贡献是根本性的,而我们却不能说它很"必要",因为从数的概念到微积分,可能与几何到微积分殊途同归。但问题是,后者并没有发

① 不熟悉基本分析形式(如微积分)的读者可以省略3.5.3小节,不会影响内容的连贯性。

② 挪威的测量员卡斯帕尔·维塞尔(Caspar Wessel,1745—1818)在阿尔冈之前就发明了所谓的"阿尔冈平面",但由于他的作品刊登在一本鲜有数学家关注的期刊,所以并未得到认可. 此外,维塞尔用丹麦语写作,因此读者十分小众。详见:Bell, E. T. The Development of Mathematics[M]. New York: McGraw-Hill,1945: 177. 译者注:阿尔冈(Jean Robert Argand,1768—1822)是19世纪瑞士数学家,给出了复数的几何表示。

生。正如人类在进化过程中跨过了早期生命形式一样,几何概念“很可能是”分析学自然进化的必要条件(当代许多进化论学者似乎都同意这一说法)。强烈建议读者阅读博耶的著作①,其中有关于微积分进化的权威历史,描述了算术和几何之间的激烈“斗争”,极其具有启发性。

然而,对分析学和代数学做出更大贡献的,是由来已久且已突破几何界限、现在仍生生不息的几何类型——“拓扑学”。它本身可被认为是几何对数学的贡献之一。因此,它在其他领域的应用,也可能被适当地看成数学从几何学中汲取而来的一个益处。

3.5.4 思想的标签与模式

在这一点上,我们仔细地回顾一下本章开始时引用的维布伦和怀特海的话,即“几何学中的任何客观定义都可能涉及整个数学”。这大概主要是一个“词汇”表达问题。词汇不可避免地带有其本来含义,例如,当人们谈到“线性连续统”时,可能是指欧氏直线,并将其元素表示为“点”,也可能指的是“实数”。在前一种情况下,人们可能想到了解析几何的“x 轴”;在后一种情况下,我们可能考虑的是从自然数开始,建立实数连续统形成的结构。至于更先想到哪一种情况则因人而异。

数学的某些部分被称为“几何”——如欧氏几何、代数几何、微分几何——就像某些部分被称为“分析”,还有的称为“代数”一样。但这些类别的标签似乎又是一个语言和惯例问题。作者想起以前一位学生写的信——他那时在高等研究院学习——当时从拓扑学中发展起来的群论的某些领域正被纳入现代代数,他说:“数学讨论会上,使用‘代数’这个词的,我发现通常是拓扑学家,而像‘上同调’这种由拓扑学衍生出的术语,则通常出自代数学家之口。”

虽然标签在适当语境下可以带来便利,又相当有用,但不应隐藏潜在的事实。事实上,现代数学的任何分支都不可能抛弃几何学及其衍生内容。迪涅斯“数学不涉及几何学”的说法,只有这样解释才比较恰当:他不愿使用“几何术语”,也不愿在“几何模式”中思考。有些人习惯可视化思考,有些人则缺乏广泛观察。从这种差异性的角度考虑,也许迪涅斯不是可视化思考的人,因此几何模式对他没什么价值,而维布伦和怀特海,他们都对几何学及其衍生内容(如拓扑)贡献巨大,是可视化思考的代表。作者长期以来一直有一种感觉,我们所熟悉的代数学家可分成两种:可视化思考者和非可视化思考者。作为一个“可视化思考者”,他本人似乎更容易理解前者——部分原因是他们表达概念

---

① Boyer, C. B. The History of the Calculus and Its Conceptual Development[M]. New York: Dover, 1949.

的方式揭示了一种潜在的几何模式。幸运的是,现代数学可以兼顾这两种类型。我们可以推测,公元前300年的一个非可视化思考的希腊人,他可能做梦也想不到自己有能力成为一位代数学家,即使他有这个潜质。这是由于他的数学文化背景已经深陷几何思维模式之中。

但我们并不能说几何方法占据主导地位就意味着所有希腊人都在可视化思考。希腊人没有代数符号可使用,而几何图形能够直观地体现代数关系,例如,和、幂、平方根等。因此,几何模式被发展起来了。可要说希腊人在这方面走了一条"错误的弯路",那就是忽略了这样一个事实:希腊人除了使用在他们的文化中占主导地位的符号工具,几乎别无选择。可以肯定的是,他们曾经在某种程度上使用过巴比伦数系,但巴比伦人并没有给希腊人留下任何"代数"符号。因此,希腊人使用了他们自己发明的更复杂的体系,并用几何符号来表示代数运算,即所谓的几何代数。他们别无选择,而他们的后继者也没有,直到代数和分析符号的最终进化,这一时期从韦达的工作开始。①

无须多言,也许现在已经足以证明,几何和几何思维模式在整个数学中的传播,对数学特别是对数的进化所产生的影响并非无足轻重。事实上,很难想象没有几何学的数学会是什么样子,它在符号化、概念化和心理方面都对数学的发展做出了贡献。此外,希腊几何学绝不是数学进化走过的弯路,它是从当时存在的文化元素中自然衍生出来的,就像灵长类动物进化成"智人"一样,是必然发生的事情。

---

① Struik, D. J. A Concise History of Mathematics[M]. New York: Dover,1948: 115-118.

第4章 实数与无限的征服者

由于几何思维模式在后来的希腊数学中占据主导地位，并且这些思想被重新引入中世纪的欧洲，中世纪后期和文艺复兴时期的数学发展，在概念尤其是符号方面都是沿着几何轨迹发展的。但随着物理理论的同步发展——在那个时代，数学家和物理学家很可能是同一个人——在分析学理论上非常有用的几何模式，将不可避免地被等效的数值模式所取代。希腊人通过以“量”代“数”，巧妙地回避了不可公度问题，而现在必须要重新面对了。如果只将数应用于度量，那么只用“量”便足矣。但同样是数字，如果遇到与线性度量无关的问题时，建立一种新的数字理论就变成了绝对必要的了。我们今天所说的实数，并用(最终是无限)小数来表示，仍然被直观地认为在某种程度上与线性量相关。但这只是一种直觉，并非完备定义的概念。无论是欧氏直线的结构，还是表示有限区间长度的小数之全体，都没有很好地被定义。事实上，微积分的基础并不牢固，这是众所周知的短板，甚至非科学研究者也意识到了这一点(贝克莱主教质疑数学家就是一个经典案例)①。因此，需要扩展数的概念及其集合特征，这也是遗传压力和环境压力作用的结果。

---

① 详见：Struik, D. J. A Concise History of Mathematics[M]. New York: Dover, 1948:178. 译者注：贝克莱(George Berkeley, 1685—1753)是英国哲学家，1733年5月19日，在都柏林的圣·保罗教堂就任主教。1734年出版《分析学家：一篇致不信神数学家的论文，其中审查一下近代分析学的对象、原则及论断是不是比宗教的神秘、教义的主旨有更清晰的陈述，或更明显的原理》一书，书中把牛顿的“流数”作为焦点提出质疑，指出牛顿对求解 x 的 n 次幂的流数推导过程中存在增量先有后无的逻辑问题。

随着数学的进化，早期的分析学家们迎来了两个难题：数学的本质以及更为突出的数学中关于无限的本质。这种“危机”的存在不同于希腊人当时发现不可公度量，而且关于芝诺悖论，他们也无法给出满意的答案。毫无疑问，就数的本质而言，毕达哥拉斯学派的神秘思想以及各种占星术的文化遗存，帮助赋予数字前所未有的绝对特征。此时，尚未意识到给出一个可用且明确的数概念“定义”的必要性，就像欧多克斯精确定义“量”那样。因此，人们试图“寻找并坚信能够找到”而非“创建”概念，也有人试图发现数概念的本质，而它的不确定性只是其不存在的标志。直到19世纪，人们才终于进入数学世界，意识到需要首先以分析学为基础“定义”数的全体，即对仅凭“直觉”构想的数概念进行更为精准的表述。

潜在的背景是必须对无限进行精确表述。一旦有了实数的概念，就必须承认实数“全体”是微积分的基础。此外，正如我们所看到的，实数全体比自然数全体具有更高阶的无限特征。有人可能会说，此前，数学家只遇到了有限的挑战，而现在，终于面临无限的巨大飞跃了。

要想阐明这种观点，必须有一种从有限十进制小数扩展到实数全体的方法。简而言之，我们应该运用一个“简化”的处理方法，假设每个有限小数都是一个“数”的符号，而且暂时忽略区别符号和符号化的规则。这么做还有一个好处，即这种定义实数概念的方法是以符号方法（如有限小数）开始，并将其延伸到符号化更广泛的范围，其概念化也“紧随其后”。当然，这个过程在数的进化史上一再发生，如0，$\sqrt{-1}$的概念化都晚于其符号化的引入。

4.1 实　　数

人们可能认为，随着小数点的引入，将位值体系扩展到有限十进制小数，并应用于计数和度量，数系的“符号化”进化就算完成了。但我们看像$\frac{1}{3}$这样的分数，它对应于十进制小数吗？任何会做简单除法的人都知道，当1被平均分成3份时，得到的$\frac{1}{3}$是没有精确值的，而是对应一列“近似值”，如

$$0.3, 0.33, 0.333, 0.3333, \cdots$$

由此可以得出结论：十进制有限小数通常只能表示某些分数的近似值。

而注意到这样的近似值通常是“循环小数”后，就可以进行精确的符号化，这就能够解决之前的难题了。分数$\frac{1}{3}$产生一个由3的无限数列重复组成的十

进制小数。再举一个更好的例子,分数$\frac{5}{7}$,它会产生一个由 7,1,4,2,8,5 顺次“不断”重复的十进制小数,形如

(1) $$0.714285\quad 714285\quad 714285\quad 714285\cdots$$

现在用一个简单的符号来表示这些无限数字的排列,就是在重复数字上面加“点”。也即

(2) $$0.\dot{7}\dot{1}\dot{4}\dot{2}\dot{8}\dot{5}$$

表示(1)中的 714285 由无限排列组成。虽然(1)和(2)都是$\frac{5}{7}$的符号,但采用符号(2)后是精确值,而(1)中的省略号只代表还有无数位的数字,不能保证这些数字循环(例如$\sqrt{2}$可表示为 1.414…,但是这里的点不代表重复)。类似地,符号$0.\dot{3}$ 是对$\frac{1}{3}$的精确符号化。

当然,并不是数字的所有小数部分都需要循环,例如分数$\frac{3123}{1400}$,产生小数$2.230\dot{7}\dot{1}\dot{4}\dot{2}\dot{8}\dot{5}$,小数部分只有 714285 这几个数字循环。我们可以很容易验算出每个分数都可用这种方式符号化,原因是根据通常的带余除法,每当分数“除不尽”,最终都会产生数字的循环。现在考虑分数$\frac{p}{q}$,其中 p 和 q 为自然数,且 $p<q$。因为如果 $p>q$,经过几步除法之后会产生一个整数商和一个比 q 小的余数。例如$\frac{123}{5}$等于 24 余 3,可以写成$\frac{123}{5}=24\ \frac{3}{5}$。此时仅考虑$\frac{3}{5}$的十进制小数,即 0.6,因此$\frac{123}{5}=24.6$。

那么假设 $p<q$,且除法除不尽,则部分余数会不可避免地出现循环。产生这个结果的原因是,每步除法产生的部分余数至多有 q 种选择。例如3 除以11

$$\begin{array}{r} 0.27 \\ 11\,\big)\,\overline{3.00} \\ \underline{2\ 2} \\ 80 \\ \underline{77} \\ 3 \end{array}$$

我们得到部分余数 8 和 3。由于最初的被除数就是 3,所以出现循环。当除数是 11 时(假设除不尽),部分余数只能是整数 1 到 10,所以至多 11 步循环必然出现。

另一方面,每个循环小数都可用一个分数$\frac{p}{q}$表示,其中 p 和 q 均为整数。

例如$0.\dot{3}$(=0.333…),我们知道这个结果是由$\frac{1}{3}$得来的。但是假设我们不知道,那么应该怎么求出这个对应的分数呢?请建立如下式子:

$$\begin{array}{ll} \text{令} & N=0.\dot{3}(=0.333\cdots) \quad ① \\ \text{则} & 10N=3.\dot{3}(=3.33\cdots) \quad ② \\ \hline & 10N-N=3 \qquad (②-①) \end{array}$$

即

$$9N=3\Leftrightarrow N=\frac{1}{3}$$

任何循环小数都可用类似方法处理(虽然乘数不一定是10),例如分数$\frac{p}{q}$,即p除以q(应用带余除法),即可得到最初的循环小数。

"眼光敏锐"的读者对最后一句话可能会提出异议。我们现在来看符号$3.23\dot{9}$,使用刚才的方法(100为乘数),结果如下所示:

$$\begin{array}{ll} \text{令} & N=3.23\dot{9}(=3.23999\cdots) \quad ① \\ \text{则} & 100N=323.\dot{9}(=323.99\cdots) \quad ② \\ \hline & 100N-N=320.76 \qquad (②-①) \end{array}$$

即

$$99N=320.76$$

$$N=\frac{320.76}{99}=\frac{32076}{9900}\text{(最后一个分数将分子、分母都乘以100)}$$

但32076除以9900的结果应为3.24,而不是$3.23\dot{9}$!究竟出了什么问题?其实没什么。因为,如果一个小数以循环节$\dot{9}$结尾,那么经上述操作后,结果"总是"有限小数,因此一般认为这两个符号"表示同一个数"。对任何以符号$\dot{9}$结尾的非零有限小数,只需把该有限小数(如3.24)的最后一位变成比其小1的数字,再以$\dot{9}$结尾即可。这样3.24变成$3.23\dot{9}$;46.271变成$46.270\dot{9}$。[①] 对于整数本身,同样的规则也适用:3变为$2.\dot{9}$,1变为$0.\dot{9}$(读者如果不熟悉这个规则,可以使用上面式子的方法来验证)。因此,每个循环小数既可以是整数,也可以是分数,并且如上所示,每个整数或分数都是循环小数。

因此,分数,现在所说的"分数"包括"整数"(如3对应$\frac{3}{1}$)和循环小数,它

① 点约定只应用于一个数的小数部分,例如整数470就写成$469.\dot{9}$。

们表示同一个数。更准确地说,如果 p 和 q 是整数,那么用 p 除以 q 得到的是个整数或循环小数,而这个小数可以(如上)还原为分数$\frac{p}{q}$。那么,任何循环小数都会(如上)得到一个分数$\frac{p}{q}$,而对于$\frac{p}{q}$,如果用 p 除以 q(一般使用带余除法),就会得到初始的小数。如第 3 章 3.3.1a 所述,这类数的专有名词是“有理数”,任何可以表示为两个整数之商(即可以写成$\frac{p}{q}$的形式,其中 p 和 q 是整数)的数,称为“有理数”。鉴于上述讨论,有理数的另一个定义为“数字零或任何最终表示为十进制循环小数的数”。这些数的一个重要特征是被“视为”在概念上“对无限”的完全小数符号化。

4.1.1 无理数与无限

在上述方式中,我们单独提到一个整类“度量”或“实数”,名叫有理数。全部数都是吗?也就是说,任何实数都是有理数吗?现在考虑$\sqrt{2}$,如果取平方根,通过一定运算而不需无尽的重复,即可得到一个小数的形式 1.414…,因为,如上所示,循环小数只来自有理数,很容易证明$\sqrt{2}$不是有理数。① 这意味着对于$\sqrt{2}$,目前没有完备的小数符号可以表示它,除非我们接受“无限”(不循环)小数的概念。$\sqrt{2}$并不是唯一一个无限不循环小数,还有无穷多个非有理数或“无理数”(专有名词)。对这样的数,如果不接受无限概念,就意味着我们只能用有限小数近似地表示无理数,或者放弃用小数形式去表示它的想法。

这是我们第一次在讨论数的进化时遇到“无限问题”。已故著名数学家赫尔曼・外尔把数学称为“无限的科学”②,其理由接下来马上揭晓。追溯原始的计数过程,回顾早期计数相当于由“1、很多”“1、2、很多”“1、2、3、很多”……所组成的体系。随着恰当符号的发展,例如巴比伦的位值制体系,“很多”或与之相近的概念变得不再重要,因为“无论多大的自然数,位值制体系都能够为它分配唯一的符号”。但巴比伦人、印度人、阿拉伯人,或者其他拥有十进制体系

---

① 如果$\sqrt{2}$是有理数,那么它可以用分数$\frac{p}{q}$表示,其中 p 和 q 没有公因数,则$\frac{p^2}{q^2}$应该是2,而这意味着 $p^2=2q^2$,即 p^2 是偶数。但是,如果 p^2 是偶数,则 p 一定也是偶数,而 p^2 一定有因数4,那么(由于 $p^2=2q^2$)$2q^2=4$,则 q^2 是偶数,从而 q 也是偶数。这样 p 和 q 都是偶数,就与它们没有公因数相矛盾。

② Weyl, H. Philosophy of Mathematics and Natural Science [M]. Princeton, N. J.: Princeton University Press. 1949: 66. 译者注:赫尔曼・外尔(Hermann Weyl,1885—1955)是德国数学家、物理学家,在数学许多领域都有重大贡献。

的民族,是否接下来认识到数是"无限"全体的概念了呢?甚至随着名词意义上"数"概念的进化,是否出现了被视为形成"无限全体"的数概念了呢?

显然,19 世纪晚期以前的大多数数学家们,要么没有将自然数视为无限的,要么拒绝接受自然数(文化抵制)。但是伽利略是个典型的例外,他在 1638 年发表的一部著作中①,似乎不仅把自然数说成是无限集形式,而且还重启了早期计数关系中一一对应的原始思想。例如,他观察到自然数的平方与自然数本身在数量上"相等",也就是说,每个自然数 n 都对应一个 n^2,即用尽"所有"自然数来"计数"平方数列:

$$1,4,9,16,\cdots$$

此时,这是没有意义的,除非承认自然数构成了一个"完整的"无限全体。否则,由于平方数的增长速度比自然数本身快得多,就会导致分配给自然数的平方数被耗尽。稍后我们会看到,康托尔以此想法为基础,成功创造了"超限"数,但这是 250 年之后的事情了。E. T. 贝尔指出:"很奇怪伽利略已经明确……无限的存在,却没有进一步的研究。就如早期希腊人对巴比伦代数的漠不关心一样,数学并不总是沿着最直接的道路通向未来的。"②然而,对这种情况更精准的描述就是,遗传压力和环境压力还不足以迫使人们进行这样的研究。直到 19 世纪,出现了实变函数理论和相关问题,才"迫使"人们研究各种类型的无限集合。历史上伟大的莱布尼茨追随伽利略的思想,虽然也意识到类似的对应关系(自然数与其倍数的对应关系),但他得出的结论是"所有自然数的数字都是矛盾的"。③ 甚至同样伟大的高斯也认为"无限只是一种话术而已"。④

这就引出了"数学存在"的问题。数学中允许哪些概念存在?它们有什么限制吗?由于数和几何学起源于物理现实世界,所以哲学家和数学家们都试图通过物理现实来证明数学概念的"现实性"。

因此,对于一个"巨大的"数,如$10^{10^{10^{10}}}$,除非在物理宇宙中找到一个包含这么多元素的集合,否则它就不是"真实"存在的。同样,众多研究专门讨论欧氏几何是否是"真实"的,特别是欧氏直线能否真实地表现"时间连续性"。

数学概念的有效性是否可以通过与某些物理现实的联系来判断呢?如果

---

① 即 Discorsie Dimostrazioni Matematiche Intorno a Due Nuove Scienze, Leida, 1638: 32-37. 引自 Bell, E. T. The Development of Mathematics[M]. New York: McGraw-Hill,1945: 600.

② Bell, E. T. The Development of Mathematics[M]. New York: McGraw-Hill,1945: 272.

③ 引自 Bell, E. T. The Development of Mathematics[M]. New York: McGraw-Hill,1945:273. 贝尔这里引自 Philosophische Werke (edited by Gerhardt), vol. 1: 338.

④ Bell, E. T. Men of Mathematics[M]. New York: Simon and Schuster, 1937: 556.

非要这么做,那就要设立一个无法适用的标准,因为这会出现太多不能确定概念有效性的情况。例如,π是数么?的确,它表示圆周与直径之比,但在自然界中,人们在哪里可以找到圆呢?没有任何一个现实物理“圆”是数学意义上的圆。此外,像$\sqrt{-1}$这样的“数”,长期以来被数学世界所拒绝。但最终由于遗传压力,人们只得被迫承认它,它终于成为现代科学分析方法中不可或缺的一部分。但到最后,关于“存在”的问题还是像往常一样必须由数学需求来决定。如果人们普遍强烈需求某个概念,那么数学上就会承认它是有效的,这是遗传压力使然。

特别地,无限全体概念的创建是一种具有遗传特征的文化压力作用的结果①。纯粹数学概念(特别是与费马、笛卡儿、牛顿、莱布尼茨、柯西等人在解析几何和微积分方面研究相关的概念)“迫使”我们解决现在正在讨论的问题,特别是“实数”的概念。“有限”数学基于自然数的概念,设想只有某些初始数字1,2,3等,并给出一个生成任意大的数的法则(加1),再加上十进制小数的概念,允许无限近似于一个无理数。或许对那些只进化到应用这些数就能达到科学目的的文化而言,这就足够了。而微积分中呈现的理论——尤其是实分析——很大程度上是力学、物理学等所施加的环境压力的产物,最终产生了进一步发展“无限”数学的遗传压力。

在物理世界中,无限全体是否“存在”并不重要。重要的是,这些概念能有效促进数学发展吗?答案是肯定的,因而它们被创建了出来。莱布尼茨和牛顿在微积分方面的工作不可避免地引发了“无限小量”“趋近于零”等其他模糊的概念问题,这只能通过引入实数的完整全体概念来解决,这也构成微积分和以此为基础的实分析基础。只要这些观点仍很模糊,它们就会成为哲学批评的合理对象。但对数学本身更重要的是,模糊可能(也确实)导致谬误。但这不仅仅是哲学或物理性质的环境压力,更是数学“内部”的遗传压力,它迫使人们完善实数体系的“基础”。只要数学从一定意义上能在提供应用于自然科学的趁手工具方面“发挥作用”,并能提供一个审美满意的结构,也就为创造型数学家留下了发展空间。那么人们只管沿着阻力最小的方向前进,不要画蛇添足。达朗贝尔的名言“勇往直前,信念会向你走来”②很好地表达了当时数学家的普遍态度。人们总是忽略“非专业”(“非行家”)的批评,认为他们无法理解专业问

---

① 这里需要重申的是,尽管这些来自环境压力的概念与无限等概念有着直接关系,但后一种情况下的直接压力主要是遗传压力。例如,傅里叶对热理论的研究导致了三角级数,而三角级数反过来又促进了康托尔对无限集合的研究。

② Struik, D. J. A Concise History of Mathematics[M]. New York: Dover, 1948: 220.

题。但最终,当数学结构本身出现崩溃的迹象时(由于出现了矛盾、没能为进一步的理论建构提供坚实基础等情况),“危机”就会出现,数学家于是被迫思考,遗传压力变得引人注目,这正是发生在19世纪的事情。这与希腊人所面临的情况非常相似,只是现在的解决方案不是几何。有关“量”的几何理论并不是新危机的可解方案,还必须从概念和符号意义上加以修正,才能证明它的适用性。

继柯西的初步工作之后,戴德金、魏尔斯特拉斯、康托尔等人的努力,都致力于建立一个严谨的实数理论。他们的工作涉及一个无限的实数集合之假设,并运用了各种方法,如“戴德金分割”的有理数类、某些有理数数列的等价类(“柯西数列”)等。但是,这些问题都是技术性的,我们没有必要讨论具体细节。相反,我们将对实数系统做一个概述,该系统是由前述的小数体系自然发展而来的。

4.1.2 实数的无限小数符号

让我们接受无限小数的概念,并以此为前提考虑任意如下形式的无限小数

(1) $$a_1a_2\cdots a_k.\ d_1d_2\cdots d_n\cdots$$

其中,$a_1a_2\cdots a_k$ 是“整数”部分,$d_1d_2\cdots d_n\cdots$是“小数部分”。例如$247\frac{1}{3}$,$a_1=2$,$a_2=4$,$a_3=7$(因为这里 $k=3$),而 $d_1=d_2=\cdots=d_n=3$。这是个有理数,因为我们可以知道每个自然数 n 对应的 d_n 是多少。当然,对每个有理数都可以这样讲,因为它最终一定会写成某个 d_n 数列的循环。然而无理数则不然,因为对于像$\sqrt{2}$这样的数,我们不知道 $d_{1,000,000}$是多少。的确,如果我们非常想要这个数字,则可以借助计算机来求解,但我们所能做到的仅是得到有限近似值,承认符号$\sqrt{2}$是无限小数,并不意味着我们能够以“书面形式”“查看”它所有的数字,这当然是不可能的。换句话说,就是承认,就当下的符号“建构”而言,我们实际上仍与“前无限”的数学家处于相同水平。但如果它能卓有成效地带来数学理论,就并不妨碍我们思考无理数的无限小数概念。

然而在继续之前,应该再次注意我们在讨论如何从循环小数中得到分数时所观察到的不确定性。例如$\frac{1}{2}$,既可以用小数形式表示为

(2) $$0.50000$$

也可以表示为

(3) $$0.4\dot{9}$$

用以上其中一个符号表示一个数并不新奇(我们通常都是这样做的,比如

此案例中用符号$\frac{1}{2}$和0.5表示同一个数)。但这里对同一个数我们有两种小数形式。而且除了0,每个"有限"小数①都有不唯一的小数表示形式。在理论工作中,当用小数形式表示数时,数学家通常约定"所有"实数(除了0)为"无限"形式(例如将1写成$0.\dot{9}$)来避免引起歧义。

但是式(1)的小数在什么意义上会被认为代表一个"数"呢?不考虑自然数1,2,3,…的特殊情况,稍后将进行更详细的讨论,只谈"分数",0.5表示什么呢?说它表示$\frac{1}{2}$只是在回避问题。如果追问,有人可能会回答"某样东西的一半"。在这种情况下,人们又回到了分数作为"度量数"的概念。

4.1.3 作为"量"的实数

如果用分数来表示"度量数"能对后者有个直观的概念,那就没有什么问题。当然,这样做实质上又回到希腊时代"量"的概念。这不仅对希腊人而言是个非常有用的概念,而且在早期的分析学家引入解析几何后,也认为数是对直线度量得来的。如果读者之前没有接触过无限小数,在试图理解现代观点之前②,可以适当借助这一概念。那么,我们解释一下如何将(1)作为度量数。对于$\sqrt{2}$,它最初是作为单位正方形的对角线长度。可是像(1)这样欠缺含义的一般无限小数呢?假定某人知道如何用任何熟悉的度量单位,度量等于给定单位(自然)数的长度,例如5个单位。那么我们着重解释"纯"小数

(4) $$0.d_1d_2\cdots d_n\cdots$$

要得到长度为(1)的线(参见第71页),可以先度量出$a_1a_2\cdots a_k$个单位,然后延长(4)的"长度"。然而必须强调的是"度量出"纯粹是一种概念性的行为,因为现实中不存在能够精准测量的度量仪器,更何况是给定的单位数。

我们考虑一个单位长度的线段S,将它的一端标为0,另一端标为1,如果我们将标为0的一端记为左,而另一端记为右,则后文简称"左"和"右"。将S分成十等份,依次标记分点为0.1,0.2,…,0.9(图4.1):

---

① 一个小数是有限的,如果在完整的(无限)小数表示形式中,对所有大于某个固定自然数的n,所有的数字d_n都是从某个点开始都是0,习惯上0是不写下来的。例如,2.645,表示2和$\frac{645}{1000}$。

② 16世纪,邦贝利实际上通过回归到希腊人用线长度表示数的思想,获得了实数在完全算术意义上的几何定义。详见:Bourbaki, N. Elements d' Histoire des Mathematiques[M]. Paris: Hermann, 1960: 160. 译者注:邦贝利(Rafael Bombelli,1526—1572)是意大利数学家,在其代数著作中较早地使用了负数和复数。

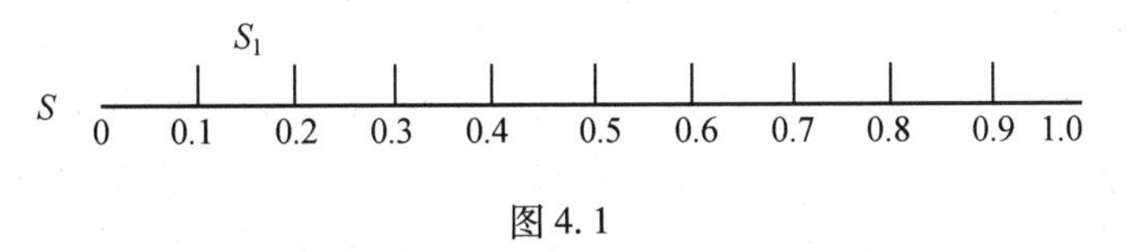

图 4.1

让我们考虑一种特殊情况,π 的小数部分

(5) 0.14159…

由于(5)中首先出现的是 0.1,所以我们先在 S 上选择从 0.1 到 0.2 的区间,并将其标记为 S_1。

接下来,我们将区间 S_1 分成十等份,依次标记分点 0.11,0.12,…,0.19(图 4.2):

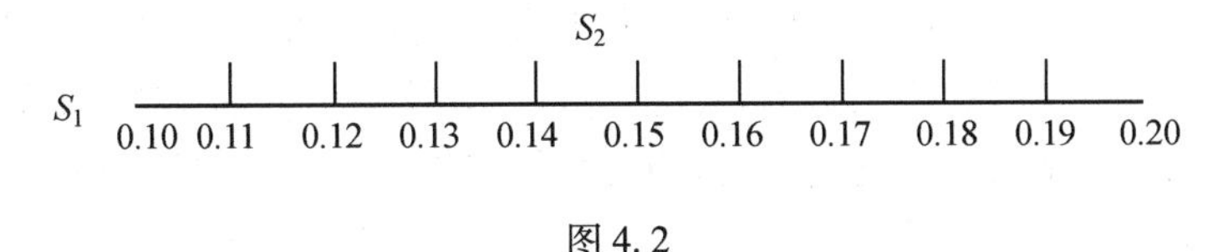

图 4.2

因为(5)的前两位是 0.14,所以我们选择 0.14 到 0.15 的区间,并将其标记为 S_2。在这个过程的下一个阶段,我们将 S_2 分成十等份,依次标记分点 0.141,0.142,…,0.149。由于(5)的前三位是 0.141,所以我们选择 0.141 到 0.142之间的区间,标记为 S_3。

这个过程的理论延续很清晰,任何熟悉数学归纳法定义过程的人,都会看到如何定义一个完整的无限线段序列 $S, S_1, S_2, S_3, \cdots, S_n, \cdots$,前项包含后项。此外,需要注意的是,数字(5)唯一确定了这个区间数列,任何不同的小数都会给出唯一确定的不同区间数列。

欧氏直线的一个基本性质是,这样一个区间数列“精准地”共用一点 P。如果把标记为 0 的点记为 A,那么 AP 区间的长度(度量值)则可以看作(5)代表的数字。看待这个问题更好的方法“是把小数(5)作为 AP 的唯一记号(即符号),希腊人称为‘量’AP”。不难逆用上述过程,已知点 P,通过将 S 分成十等份,并选择包含 P 的区间 S_1,然后将 S_1 分成十等份,确定出包含 P 的区间 S_2,同时“读出”S_1 左侧标记 0.1,S_2 左侧标记 0.14……依次确定(5)中的数来确定(5)。必须再次强调的是,无论是用(5)定义 AP,或是其逆用,我们都不进行任何这样的“物理”建构,而只“定义”相应的概念。

由于一般过程在特殊情况(5)的操作中很清楚,因此没有必要对一般情况(1)赘述。假设知道如何在上述方法中将“量”定义为任何形式的小数(1),则可以推断出实数与欧氏直线上的点一一对应。假设 L 是这样的一条直线,L 上的定点标记为 0。假设约定 L 的“右”和“左”方向意味着:可以选取一个单位,使其指向 0 的右侧,即 1 个单位,2 个单位……,从 0 开始,记为 1,2,3,…(图 4.3)。左边的点也类似地记为自然数的相反数。考虑任意形如(1)的数,如果为正,紧邻记为 $a_1a_2\cdots a_k$ 的点右侧的单位区间记为 S。在 S 中按照上述过程定义对应小数 $d_1d_2\cdots d_n\cdots$ 的点 P(当然,对于负数,点 P 应该定义为向左,图 4.3 中 S 的数字标记应该从右到左,而不是从左到右)。逆用过程已述完毕,则建立了一一对应。这种对应关系正是解析几何的基础(这种对应关系的论断也被称为康托尔公理)。

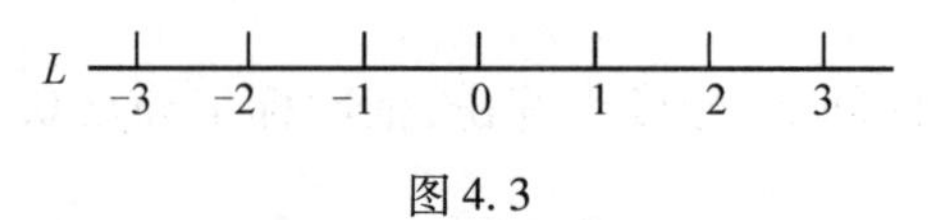

图 4.3

注意,希腊人欠缺的正是这种为“量”提供一种唯一的数码概念。否则,希腊人可能已经结合巴比伦六十进制位值体系以及诸如爱奥尼亚数字,而设计出来略微呈现数码化的六十进制体系,为有限量提供一种比几何结构更有效的符号工具。

4.1.4 基于自然数的实数

在 3.5.3 小节中已经提到了 19 世纪之前的几个世纪里,数学家们对几何和几何直觉的依赖。但几何直觉不仅被证明是一种不可靠的导向①,而且它似乎也不能解决关于微分、函数连续性以及涉及计算的基础问题。这并不是说,恰当处理后,几何也解决不了这些问题②,只是数学分析的方向明确地导致了人们对“算术化”实数体系的需求。而这正是 19 世纪的分析学家,如魏尔斯特拉斯、戴德金和康托尔取得的成就。“算术化”实数体系意味着实数体系是以自然数及其算法(加法、乘法等)为基础,而无须借助几何。

从自然数的算法出发,不难以此为基础定义有理数及其算法,此处不给出具体细节,只强调可以使用有序数对 (p,q),其中 p 和 q 为自然数③。然后,假设已经用这种方法定义了有理数及其算法,那就可以用几种不同的方法定义“实数”。例如,再次只考虑“纯”小数,实数可以定义为如下形式的有理数列

(6) $$.d_1,.d_1d_2,.d_1d_2d_3,\cdots,.d_1d_2\cdots d_n,\cdots$$

---

① 这当然不是几何的问题,只是没有从现在所谓点集理论的观点出发,对直线进行严格的分析。

② 回顾邦贝利的相关说明(第 72 页脚注②),这样的解决方案无疑没能在符号意义上令人满意。

③ 详见 Wilder, R. L. Introduction to the Foundations of Mathematics[M]. New York: John Wiley and Sons, 1965: 第六章,第 3.2 节。

其中每一项与其后项的区别仅在于,在其小数表示中添加了一个新数而得到后项。这显然对应于(1)中符号化的实数的小数部分。而有人可能会问,(6)比(1)有什么改进吗?答案是构成(6)的元素都是熟悉的有理数,而(1)是“先验”的,毫无意义。当然,要得到(6)这样的数的一个完整理论(包括加法、乘法运算等),还必须定义像(6)这样的数的加法、乘法等(在使用之前对“量”的解释时,确定一个实数“小于”另一个实数类似的概念非常必要)。

基于4.1.3小节所述实数与欧氏直线上点的一一对应关系,人们可能仍然倾向于将实数概念化为度量数(量)。这足以满足目前的目的,或更有助益。但如果继续定义实数的算法则不然,用有理数来定义会更好。事实上,我们刚刚已经指出,用有理数来定义实数的可行性,就相当于用自然数来定义实数,这对数学是非常重要的。这使人们能够从几何直觉最终过渡到基于实数体系进行自由分析。

然而,尽管如此,数学家在研究时实际上使用了作为量的实数和算术的实数[例如形如(6)的数列]“两种”概念。通过对欧氏直线上点集的研究,人们发现了如何完美地概念化许多分析学概念(例如积分),以及如何避免非分析方法处理欧氏直线可能引起的错误。[①] 这导致了实数概念相对于(1)的实数结构(即它的拓扑结构)和(2)的算术与代数性质的分离。在前一种情况(1)中,实数本质上被视为一个几何实体;在后者(2)中,作为基于自然数(通过有理数)的算术化实体。然而,通过在一条直线上用算术化实数标记点的方法(“康托尔公理”),这些概念被勤劳的数学家们有效地整合起来。术语“线性连续统”通常用来表示欧氏直线,而“实数连续统”则用来表示实数(不考虑运算)。正如我们之前讨论的那样,它们在概念上是等价的。

4.2 实数类

4.1.1小节中提到了关于克服对无限类概念进行文化抵制的论点,例如自然数或无限小数的概念,现在可以很好地回应这一点。19世纪的分析学,需要的不仅仅是某个实数的概念,而是实数的无限类或实数“集合”(一般使用同义词)的概念。特别是“全体”实数的集合概念,或者,也可以称其为欧氏直线上所有点的集合,构成了一个比全体自然数集合更抽象的无限集。事实上,如果认为像自然数那样一个完整的无限全体概念相当庞大,则这种庞大可以放大到

① 这样的研究不仅产生了现代点集理论,而且还建立了现代点集拓扑学的基础。

"更高维度"。因为事实证明,实数是如此之多,即使用尽全部自然数,也不可能对其进行"标记"。

为了解释最后一句话的意思,我们再考虑一下基本的计数过程。例如,在计算6个物体的集合时,计数的人通常会连续地指向(动作或意识上)每个物体,并读出一个适当的数词(自然数)。就英文数词来说,他会指着一个对象说"1",再指着另一个说"2",依此类推,直到他指过每一个对象,并最终说出"6"。这样做,他给每个物体都"标记"一个(自然的)数词,注意:(1)一个物体只标记一次,(2)每个物体都要标记。他用专业数学术语建立了物体与自然数从"1"到"6"之间的一一对应。

现在,当人们已经接受了所有自然数的集合概念,即无限整体,自然会想到是否任何给定无限集合(如实数)的对象,即专业术语"元素"能用数1,2,3,…这样的自然数符号标记呢?当然,人们不会问这是通过"动作"行为还是连续的意识行为("指向")来完成的,如上述6个物体的集合例子的做法,这显然是不可能的。因此,更好的问题是,是否"存在"一一对应关系?这里的"存在"是指存在于任何意义上——可能是给定一条法则而建立起对应关系,正如伽利略对自然数平方所做的那样(通过使 n^2 对应于每个自然数 n 的法则)。或者,就是基于假设建立这样一种对应关系的数学理论是合理的吗?自然数无限多,所以答案也许是乐观的。

假设自然数和实数之间确实存在这样的对应关系,符号化实数的实用方式就是给每一个实数分配一个"标记",即数 n,因此,标记为数 n 的实数可表示为 r_n。实际上,即存在一个符号序列

$$r_1, r_2, \cdots, r_n, \cdots$$

用来表示实数,每一个实数表示数列中的某个 r_n。

如下所示,每个实数都需要一个唯一的小数表示形式,因此,约定每个实数都用其"无限"小数形式表示。对于 $\frac{1}{2}$,我们用 $0.4\dot{9}$ 代替 0.5(0 表示为 0.000…)。只考虑每个符号的小数部分,令数 r_n 的小数部分表示为

$$.\, d_1^n d_2^n \cdots d_n^n \cdots$$

其中 r_n 的第 n 位表示为 d_n^n;在 $d_1^n, d_2^n \cdots$ 中的指数 n 代表 r_n 中的一个数。容易想到用这种方法可以将所有实数的小数部分组成如下所示的数组

$$(7)\qquad \begin{array}{l} (r_1\text{ 的小数部分}):.\, d_1^1 d_2^1 \cdots d_n^1 \cdots \\ (r_2\text{ 的小数部分}):.\, d_1^2 d_2^2 \cdots d_n^2 \cdots \\ \qquad\vdots \\ (r_n\text{ 的小数部分}):.\, d_1^n d_2^n \cdots d_n^n \cdots \end{array}$$

现在,每个 d_n^n 都是0,1,…,9 中一个数字的标记。对于每个自然数 n,如下

定义数字 d_n:若 d_n^n 为 1,则令 d_n 为 2;若 d_n^n 不为 1,则令 d_n 为 1(因此,若 r_1 为 $0.4\dot{9}$,由于 d_1^1 是 4,不是 1,则 d_1 为 1,;若 r_2 为$\sqrt{2}$的小数部分,即 0.414…,那么 d_2 为 2,因为在这种情况下的 d_2^2 是 1)。通过这个"规则"定义了一个实数 r 的小数符号

(8) $$.\,d_1d_2\cdots d_n\cdots$$

但考虑:由于 r 是一个实数的符号,因此它必须对应于在数组(7)中的某个 r_k。而(8)中的第 k 位数字却与 d_k^k 不同(由上述定义 r 的法则可知),因此 r 和 r_k 不能标记同一个数字。那么,由构造像(7)这样的数组来假设实数可用自然数来标记,就会导致矛盾。

由上述分析可知,实数是不"可数的",即不能用自然数一一标记(因为假设它们可以被这样标记,那么根据上述方法就会出现一个没有标记的实数 r,由此推出矛盾)。

4.2.1 康托尔对角线法

在(8)中用来定义数 r 的符号"方法",因已故德国数学家格奥尔格·康托尔用它来构造实数,且使用的是数组(7)对角线上的元素(数字)d_n^n,故常被称为康托尔对角线法。

需注意,定义数 r 时,数组(7)的第一行中只用了数字 d_1^1,第二行中"只"用了数字 d_2^2,沿着(7)的对角线从左上角至"右下角",依此类推,即每一位只在其无限小数表示中取一个数字就可以确定 r。因此,由该方法进化出一种更一般的方法(不依赖于形如(7)的数组),简称"对角线法"。这种方法用于由一类 C 的集合定义一个新对象 E 时,利用确定每类 C_i 中的"1 个"元素来定义 E。在上述分析中,对象 E 就是数 r,类 C_i 就是数组(7)中的每行数字。这种"对角线法"并不是新的"逻辑"法则,纯粹是为定义某些对象而建立的"专门"程序——如康托尔对角线法中的数字 r——而随后发现在其他更一般类型的情况下,它仍可用。这种现象在数学中反复出现,为解决某个特殊问题,引入一种新的方法,随后发现可以推广到其他情况以及新的证明方法。

下面给出应用对角线法的一个简单例子。假设要从由四种不同面值硬币组成的集合中挑选一笔钱。具体来说,假设这些硬币是美国货币,四种面值分别是"1 美分","10 美分","25 美分"和"1 美元"。选择方法可以是"10 美分";可以是"1 美分和 1 美元";还可以是"1 美分、10 美分和 1 美元"。这些都是不同的选择。此外,另一种选择是空集,即不选择任何面值。现在无须特别证明多于四种选择的可能性,我们已经提出了四种选择,显然还有更多的选择。但是,假设要求给出一种方法,即"无论已知的是哪四种选择,都可以做出一种不同于其中任何一种的新选择"。

可以这样做，令 C_1,C_2,C_3,C_4 表示任意四个选项。为了做出不同于其中任意一种的选择，我们以下列方式进行：每次只考虑一个面值。首先，“1 美分”，C_1 中有“1 美分”吗？如果有，那么就“不”选择它作为 C 中的元素；如果没有，那么将它选为 C 中的元素。接下来，考虑“10 美分”，如果它在 C_2 中，就不选它为 C 的元素，而如果它不在 C_2 中，就选它放在 C 中；依此类推。由于 C 与每一种选择都“至少存在一个面值”的差异，则 C 不同于任何一个选择 C_1,C_2,C_3,C_4。注意类比之前选择数 r 的方式，r 的选择是为了至少有一个数字能够区别于数组(7)中的每行数字(对角线上的数字 d_n^n)。

刚才描述的过程构成了一个对角线法，它可以类似地应用于任意自然数 n。更精确地说，给定一个有 n 个元素的集合 S，如果根据 S 做出 n 个选择，那么还可以做出不同于已有选择的更多选择，即“一个含有 n 个元素的集合 S，可以做出 n 个以上的不同选择”。这个定理适用于每一个自然数 n，它的证明就像上述四个元素的集合例子提供的证明一样。

4.3 超限数和基数词

“一个含有 n 个元素的集合 S，可以做出 n 个以上的不同选择”的一个重要特征是，它不依赖于 n 的任何特定值，而是对于 n 的“每一个可能”值都成立。对于一个特殊的 n 值，它就是一个很平常的陈述，而它的“普遍性”成就其重要性。此外，对那些“非有限”集合也可进行类似的描述。但为使这些陈述有意义，必须明确其中的术语，特别是“多于”这个词(以及 n 的含义)。

回顾伽利略的引证，我们注意到他说过“平方数与其自身数量一样多”。显然，他的意思是，1 到 1，2 到 4，3 到 9，以及一般的 n 到 n^2(每个自然数对应于它的平方)的对应关系，就构成了自然数集 $\mathbf{N}$ 的“所有”元素与其平方数集 S“所有”元素间的一一对应。对于有限集，两个集合元素间的这种对应关系意味着这两个集合具有相同数量的元素。但很明显，自然数比它们的平方数“更多”，因为从 $\mathbf{N}$ 中删除 S 的元素后，还剩下一个由“非平方数”2，3，5，6，…构成的无限数集。初学者一定会感到很困惑，甚至觉得这是矛盾的(如莱布尼茨等人)。难怪莱布尼茨认为“所有”自然数的集合，或者无限集合这样的概念站不住脚，因为数学就是要避免矛盾。难点在于“多于”这种术语的含义，特别是要理解一个无限集合的元素“个数”。

那些赞成伽利略无限本质观点的人们与那些反对者间的分歧，并没形成强大的遗传压力使问题得到解决。直到 19 世纪下半叶，需要进一步精确定义线性连续统概念的问题也聚焦于无限的本质，这个问题才得以解决。康托尔的伟大之处不仅在于解决了这个问题,还在于向无限的混乱中引入了顺序。他取得的最基本的成就是展示了如何将(自然)数的概念扩展到无限集合。

读者可能已注意到,在上面概述的过程中,尚未给出“自然数”的准确定义。随着数概念的历史发展,能发现某些关于“计数数”相关概念的进化,以及它们对“实数”或“度量数”的扩展。这些“计数数”和“度量数”的创建都是源于文化压力。由于数学分析的需要,驱使人们以“实数”形式引入更精确的度量数来表述。而上述这种如何用自然数进行定义的方法都基于自然数知识。到目前为止,我们只提到了自然数的进化,而下文将阐述康托尔定义的“超限”数,可以被视为“计数数”的进一步进化。

4.3.1 “计数数”到无限的拓展

首先约定,如果两个集合的元素之间存在一一对应关系,那么它们的元素“数量相同”。对有限集来讲,这与2.2.1d提到的计数棒之类原始工具体现的“计数数”直观概念相一致。限于数词的匮乏,人们通过计数来比较两个集合,以至于当两个集合差距太大时,就无法直接进行比较了。因此,需要找到一个合适的第三集合 C,也即便携物体对象(例如吸管、卵石或木棍上的刻痕),其元素与给定集合的元素一一对应,然后将它转换到另一个集合的位置,看看能否在其元素和便携物集合 C 的元素间建立一一对应关系。如果存在,则最初的两个集合元素个数相同。①

康托尔的基本思想是一一对应的同类标准也可用于比较“无限”集。② 考虑一个很好的例子,正有理数集,并想象它们的“分数”符号放在一个方阵中,第一行都是带有分子1的分数,第二行都是带有分子2的分数,依此类推

$$
\begin{array}{cccccc}
\frac{1}{1} & \frac{1}{2} & \frac{1}{3} & \frac{1}{4} & \frac{1}{5} & \cdots \\
\frac{2}{1} & \frac{2}{2} & \frac{2}{3} & \frac{2}{4} & \frac{2}{5} & \cdots \\
\frac{3}{1} & \frac{3}{2} & \frac{3}{3} & \frac{3}{4} & \frac{3}{5} & \cdots \\
\frac{4}{1} & \frac{4}{2} & \frac{4}{3} & \frac{4}{4} & \frac{4}{5} & \cdots \\
\cdots & \cdots & \cdots & \cdots & \cdots & \cdots
\end{array}
$$

---

① 以这种方式使用第三集合 C 涉及数学家们称为传递性的原理。给定三个集合 A,B,C,如果 A 和 B,B 和 C 之间存在关系 R,则 A 和 C 之间也存在关系 R。读者可以想到许多有关这种关系的例子。

② 回忆一下贝尔关于伽利略观察结果的评论(4.1.1小节)。

当然，当分数这样分布时，同一个数字有许多不同的符号。因此，这些在主对角线上的数，如

$$\frac{1}{1} \quad \frac{2}{2} \quad \frac{3}{3} \quad \frac{4}{4} \quad \cdots$$

都是数字 1 的符号。但这不会造成任何困难，而且使用这种数组非常方便，因为在每个“反对角线”中分子和分母的和是常数。例如，在第三个反对角线上的数

$$\frac{3}{1} \quad \frac{2}{2} \quad \frac{1}{3}$$

其分子和分母的和是常数，在这个引例中常数为 4。现在，如果遵循如下所示的路径

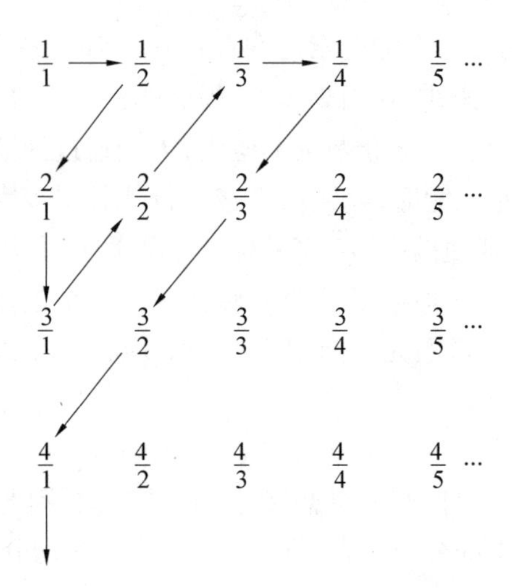

那么数组中的每个符号都只经过一次。如果按照路径顺序用一个新的符号 a_n 标记数组中的每个符号（$\frac{1}{1}$记为 a_1，$\frac{1}{2}$记为 a_2，$\frac{2}{1}$记为 a_3，$\frac{3}{1}$记为 a_4，$\frac{2}{2}$记为 a_5，$\frac{1}{3}$记为 a_6，等等），那么数列

$$a_1, a_2, \cdots, a_n, \cdots$$

为原始数组中的每个符号都包含的一个符号。此外，如果同一数字的重复符号被删除——一个数字一旦被符号化，那么后面所有用来表示它的符号就会被删除——其结果是一个新的数列

$$b_1, b_2, \cdots, b_n, \cdots$$

它给每个正有理数都分配了唯一的精确符号。

如果现在建立用 b_n 表示的有理数与自然数 n 的对应关系，则在正有理数

和自然数集合 **N** 之间定义了一个一一对应关系(此处,读者可能会意识到这样一个练习:更进一步定义所有有理数,即正数、负数、零与自然数间的一一对应关系。)

如果接受将一一对应关系作为比较集合的"大小"或"数量"的标准,即如果两个集合的元素之间存在一一对应关系,那么这两个集合含有"相同数量"的元素。则所有有理数的集合 **Q** 和自然数集 **N** 这两个集合便含有相同数量的元素。这说明集合的"数量"被认为是与集合"大小"相同的概念。当然,后者只是一个直观的概念,但无疑与"数"的原始含义相对应。然而,正如在物理现实中遇到的有限集一样,无限集合只能通过关注它是如何解决直觉需求的,来决定它是否真的令人满意。①

验证的第一步是为已知无限集的数量分配符号(数码)。康托尔将自然数集 **N** 的"数码"记为 $\aleph_0$,读作"阿列夫零"($\aleph$ 是希伯来字母表的首字母)。那么,如果说集合 S 有 $\aleph_0$ 个元素或者 S 中的元素个数是 $\aleph_0$,则就意味着在集合 S 的元素和自然数之间存在一一对应关系。注意类比有限情况,例如,有 6 个元素的集合。

很多无限集合的数量是 $\aleph_0$,"但并非全部"。正如在 4.2 节中已经观察到的,实数集 **R** 的数量就不能是 $\aleph_0$。如 4.2 节所示,实数不能与自然数建立一一对应关系。因此,必须为实数集 **R** 的大小指定不同的符号,常用符号是字母 c(c 是短语"实数连续统"中"连续"一词的首字母)。

$\aleph_0$ 和 c 之间如何比较呢?一个比另一个"大",就像 3 比 2 大一样吗?除非对"大于"的含义达成一致,否则这样的问题毫无意义。早期的数学家从未被迫"定义"像"3 大于 2"这样的表述,因为此类命题是文化进化的产物,也就是我们所说的"数学遗传物",而非诸如康托尔那样有意识发明出的成果。② 但如果要把数概念推广到"无限",不仅必须将基本的术语和关系赋予适当的意义,还应当使它们"适用于"在文化中承袭下来的有限情况。任何人都"知道""3 比 2 大"是什么意思,因为直觉上很清晰。但以直觉作为向导,进入无限的新领域时,可能并不稳妥。我们已经注意到,自然数集"大于"所有自然数平方的集合,同样,有理数集 **Q**"大于"自然数集 **N**。从某种意义来说,如果从有理数集 **Q** 中删除所有的自然数,那么还剩下无限多个分数。对于有限集,这种情

① 数学家们想出了更复杂的方法来定义"数",但这些方法都是建立在集合理论公理体系基础上的,这些公理体系必须仔细地加以描述,以避免不一致。

② 随便找个人问 3 比 2 大是什么意思,他可能会回答"因为它就是这样"。更有可能的是,他会露出难以置信的表情,认为一个人怎么会问这样一个"愚蠢的问题"。

况肯定表示大小不等。但是我们已经构造记为$\aleph_0$的数字,使有理数集**Q**和自然数集**N**大小“相同”。由于实数集**R**的大小不同于前两者,因此,必须为“大于”发明不同的标准。此外,通常两组被比较的集合未必是像**Q**和**N**的例子一样,一个集合作为另一个集合的“一部分”。

下面给出另一种比较两个有限集的方法。假设A和B是两个有限集,我们发现A的元素和B的部分元素之间存在一一对应关系,但反之并不成立,那么当然A比B的元素更少。在这个例子中,3当然大于2,如果A有2个元素而B有3个,那么A的元素和B的两个元素之间存在一一对应关系,且反之并不成立(A中不存在3个元素能和B中元素一一对应)。此时,康托尔发现,该标准同样“适用于”无限集合,或者说,它是一个与上述数量概念“一致”的标准。例如,将它应用于比较c和$\aleph_0$的大小。结果(正如预期的那样)c比$\aleph_0$大,因为在**N**和**R**的部分元素之间确实存在一一对应关系(可以考虑**R**的部分元素为**Q**或**N**)。但是如果在**R**和**N**部分元素之间有一一对应关系,那么很容易得出这样的结论:**R**和所有自然数之间有一一对应关系,而上面已经证明了这是不可能的。现在我们可以看出,当把小数符号扩展至全体实数时,无限小数概念是不可避免的。由于已经使用了有限小数和循环小数(使用点符号表示循环,详见4.1节),这里需要增添一个符号$\aleph_0$,而为了给每个实数都分配一个小数,所以符号c是必要的。

如用常用符号“$<$”表示“小于”,就像写$2<3$一样,写成$\aleph_0<c$,并且这种关系所满足的性质与传统自然数“$<$”的性质完全相同。例如,前面提到过“传递性”(如果m,n和r是自然数,使得$m<n$且$n<r$,那么$m<r$)对无限集合的数量同样适用。当然,如果$\aleph_0$和c是仅有的“超限”数,那么上述性质就没有什么意义了。但是“存在无限多个超限数”。对于4.2节已经证明的结论,即如果一个有限集S有n个元素,那么从S中选择元素的方案数量大于S中元素的数量,这几乎无须修改就可以扩展到无限集合(数学家使用“子集”代替“选择”,因为后者有太多的客观含义,所以没人“选择”子集作为一种规则。)

特别地,可以证明自然数集**N**的子集个数恰好是c。实数集**R**的子集个数有时记为f,因为它与某种定义在实数集上的函数数量相等。一般来说,我们所描述的这类超限数,连同自然数和零,是2.1.2b中所说的“基数”。基数现在可以分为两类:“有限基数”(由自然数和零组成)和“超限基数”(无限集合的基数)。虽然遵循细节会超越我们的目标,但应该提到的是,有限基数的算术,如加法、乘法,甚至上升到基数幂,均已扩展到超限基数。正如关于有限基数(数论)还有许多未解决的问题一样,关于超限基数的存在性和性质还有许多未解之谜。直到最近才找到问题的答案:$\aleph_0$和c之间是否存在一个数字,也就是说,是否存在一个数字 λ 使得 $\aleph_0<\lambda<c$?①

4.3.2 超限序数

在2.1.2b 中,有人指出自然数也起着"序数"的作用。例如,"1 月 3 日"意味着"1 月第 3 日";体育场的座位号也起到序数的作用。但是,当说"我要坐在过道外第 4 个座位上",相当于在说"我和过道之间将会有 3 个座位",没有任何误解,因为前半句中的"4"是一个序数,而后半句中的"3"是一个基数,类似地使用超限基数却会导致误解。例如,"自然数的数量是 $\aleph_0$"的说法并没有表明特定的顺序,且如 4.3.1 小节所示,所有有理数的数量也为 $\aleph_0$。但二者在量级上的区别在于,有理数形成了一个完全不同于自然数的有序集(通常如此)。因此,在 1 和 2 之间没有其他的自然数,但在任何两个有理数之间都存在无限多的其他有理数。② 因此,像 $\aleph_0$ 这样的超限数"不能像有限计数那样用作序数符号"。在超限层次上,"基数"和"序数"之间的区别变得极为重要。康托尔认识到了这一点,也认识到了除基数外,他还必须定义和研究另一类被称为"序数"的超限数。对于相同的超限"基"数(它只衡量大小),必须存在无限多个对应的不同序数,换句话说,相同的无限类可以以无限多个完全不同的方式排序。因此,自然数可按其通常的大小排序,但它们也可按照这样的方式排序,(1)每个奇数都排在"所有"偶数前面;(2)两个奇数之间或两个偶数之间保持原来的顺序不变。所描述的排序如下

$$1,3,\cdots,2n+1,\cdots,2,4,\cdots,2n,\cdots$$

4.4 数是什么

至此,除非对"数"一词以适当的方式加以限定,否则"什么是数?"这个问题显然没有意义。计数数最终进化成整个"基数"类,包括有限的和超限的。

---

① 康托尔推测这个问题的答案将是否定的,许多后来的研究人员猜测,这将在集合理论普遍接受的公理基础之上得到非常充分的证明。同时,λ 不存在的假设被称为"连续统假设",许多数学问题的解决都是基于这个假设。然而,哥德尔(1941)和保罗·约瑟夫·科恩(1963)的工作最终确立了连续统假设是集合理论的一个独立公理,以致集合理论可以包括它,也可以否认它。因此,把集合理论放在一个类似经典几何的位置上,相对于平行公理——几何一致性,可以包括它,也可以否认它。

② 例如,在有理数 0 和 1 之间,有$\frac{1}{2}$;在 0 和$\frac{1}{2}$之间有$\frac{1}{4}$,简而言之,0 和 1 之间的所有有理数都可以用$\frac{1}{n}$的形式表示,其中 n 代表自然数。

但正如刚刚在4.3.2小节中指出的那样，这些相同的数在作为“序数”时，可扩展为超限序数。

另一方面，如果自然数被看作是“度量数”，那么自然数可扩展到整个“实数”类。这些并不是从古代苏美尔-巴比伦“数的科学”进化而来的所有“数”类型。完整的历史可以描述负数和复数必然进入数学的方式。很明显印度人发现了负数概念的用处①，他们的代数受到了古希腊最后一位伟大的数学家，亚历山大的丢番图（约公元300年）的影响，但直到17世纪左右，数学家们才开始认识到负数是“有效的”数。不出所料，由小数的进化方式可以看到勇敢之人探索负数的个例。因此，卡尔达诺在他的《大法》中把数字分为“真实的数”（即当时的“实数”，包括自然数、正分数和一些无理数）和“虚构的数”（或“虚假的数”，包括负数和负数的平方根）。但据说卡尔达诺曾相当谨慎地承认后者，当时或承认对虚假数的解释，或将其用于计算，用以得到“真实的数”。历史学家似乎也同意：阿尔伯特·吉拉德②不仅承认负数，而且还预见了笛卡儿坐标中使用符号“+”和“-”表示一条直线上的相反方向。

最终，确立了负实数和涉及$\sqrt{-1}$表达式（“复数”）的重要数学地位，很难区分各种文化动力，如遗传压力和文化压力对此的贡献。一方面，是完整的代数方程理论需求，否则无法表述（如著名的代数学基本定理）n次方程有n个根。③ 另一方面，是物理科学发展对数学分析的需求，这无疑对必须创建一个完整的复数理论产生了影响。在“自然法则”设计中体现出的创意和勇气，有可能在创造相关数学结构的类似问题时被重现，尤其是这两种活动都是由同一个人（在那个时代通常是这样的）进行的。因此，当文化压力或遗传压力（或两者的结合）需要新的数概念时，创建这些概念会不顾“现实主义”的反对，他们可能会反对“虚构的”性质。

在现代代数中，数系根据数学理论或新应用的需要，采用了各种各样的形式。一般而言，一个“数系”是指任何集合，其元素可以通过+和×两种运算表示，这两个运算满足初等性质。这些性质类似于普通算术的加法（+）和乘法（×），例如自然数的算术或实数的算术。特别地，如果a,b,c是自然数，那么

---

① 一些人（例如R. C. 阿奇博尔德）认为巴比伦人使用过负数。

② 译者注：阿尔伯特·吉拉德（Albert Girard，1595—1632）是17世纪法国著名的数学家，1634年给出斐波那契数列的数学表达式。

③ 斯特罗伊克注意到：“奇怪的是，第一次引入虚数（即涉及$\sqrt{-1}$的数），并不是如我们现在教科书介绍的一样，出现在二次方程理论中，而是出现在三次方程的理论中，实数解以一种无法辨识的形式存在。”详见：Struik, D. J. A Concise History of Mathematics[M]. New York: Dover, 1948: 114.

$(a+b)+c$和$a+(b+c)$①会得出同一个数——称为加法结合律。而$a\times(b+c)$必然会得到与$a\times b+a\times c$同样的数——称为“分配律”。但一般在现代代数的数系中,加法和乘法的对象可能根本不是通常意义的“数”。事实上,它们通常以从希腊形式进化而来的现代“公理体系”形式呈现。例如,完全没有定义对象和运算,而满足某些包含结合律和分配律的公理。当然,它们有重要的解释,否则就毫无用处,也不会被引入。在这些解释中,对象可以是表现为体现公理性质的多项式、函数、矩阵或其他数学内容。这种解释常常为建立相应的数系提供动力。

由此可见,现代数学家已经明显不再像祖先一样,困惑于一个“数”(或其他数学对象)的“真实性”。而接受标准可以是完全不同的类型,包括一致性、概念的实用性等。

① 圆括号表示先执行它们所包含的求和运算。

进化的过程

第5章

到目前为止,我们针对分析进化动力①的基础所必需的数学历史问题给予了极大关注,而忽略其他一些理应包含的历史材料,因为所需要的只是那些能产生影响数学进化文化本质的动力,而具有历史特点的充分证据。但为了兼顾澄清历史本身,还需包括很多类似无限小数的概念和性质这种细节。因此,在聚焦相关的动力之前,最好先讨论相关历史事实的简要概况,这里略去了大部分历史细节,只强调与进化相关的各个方面。

在数的发展和几何对其影响方式的概述中,经常会关注起作用的压力类型。如果没有这样的压力,素数的性质就不会有变化(甚至不会出现素数!),数学本身也不会成为西方文化中一种特殊的、可识别的元素。因为数学依赖于数与几何概念的进化,而这种进化本质上是压力施加其上的产物。这些压力最终也在数学的整体发展中起作用。因此,在把这些压力或动力作为主要研究对象时,人们也在仔细研究产生数学本身的那些动力。事实上,同样的动力往往可以作用于更大范围,即所有科学的发展。

① 使用"动力"一词或许看起来不太合适。例如,把"文化滞后"称为"动力"似乎限制了该词的应用。也许"压力"会更好,但值得注意的是,二者通常被用作同义词。顺便说一下,艾萨克·牛顿在其《自然哲学的数学原理》中定义:内在的力,或物质的内在力,与其内部一样都是一种排斥任何物体的力,无论它是静止的或是匀速直线运动状态。

5.1 前希腊元素

就所谓主流数学的开端而言，诺伊格鲍尔、蒂罗-丹金、萨科斯等数学家在对苏美尔-巴比伦的研究中，解决了许多关于数字起源和数字表示方法的问题，并且剔除大部分与之有关的神秘主义和神话故事。例如，最近出版的一本针对高中教师的书中陈述：①"数字1,2,3,4,5,…，之所以被称为'自然数'，是因为人们普遍认为，它们在某种哲学意义上是一种独立于人类的自然存在。相比之下，数系中最复杂的部分，则被认为是'人类的智力建构'。"也就是说，无理数、复数和任意实数都是人构造的，用于计数的数却不是，它们有着属于自己的某种特殊存在。也许这种感觉是源于以下事实的反映：自然数自古就有，是现成的，它们大部分保存在古代的民间传说而非历史文献中。然而，新的历史研究使我们能清楚了解更多数系的发展。此外，数学的科学基础已经显而易见，而且可以更公平地评价它在知识理论中处于特殊地位的原因。

人是从何时开始计数的，这点在任何文化中都已无从考证。即使奇迹般地提供所有相关的历史信息，但因计数的发展是如此缓慢，以至于根本无法确定其开始的确切时间（参见2.1.1小节），所以在这种意义上来说，计数无疑从未真正"开始过"。显然，任何文化中都有数词，即使只相当于"1、2、很多"。但在一种文化中，数词缺乏并不意味着文化承载者无法阐释十个事物的集合比九个事物的集合拥有更多元素，因为他们可以做到。为了做到这一点，他们可能使用了语言以外的其他手段，如鹅卵石、结绳等，或通过重复基本数词来弥补数词的不足。正如第2章所指出的，有证据表明，在旧石器时代，人们就使用过计数棒一类的工具手段。② 随着文明的发展，社会变得更加复杂，就需要发明历法体系，测量农业用地……，而语言和工具对于发明新的、更精细的技术方法则变得十分必要。尤其体现在古老的苏美尔文化及其与巴比伦文化的整合过程中。"文化压力"作用于所有这些发展过程，这种动力可被认为是一种"发明之母的必要"文化因素，大致类似于生物学家所说的环境压力。然而，这种压力更多的是缘于文化环境，而非物理环境。

---

① National Council of Teachers of Mathematics. Insights into Modem Mathematics, Twenty-third Yearbook[M]. Washington, D. C. 1957: 7.

② Struik, D. J. A Concise History of Mathematics[M]. vol. 1, New York: Dover, 1948: 4.

为满足计算需要,数字"符号"需要引入语言或物理符号(详见 2. 1. 1 小节)。但随着计算量变大,重复变得过于繁重,于是出现了对基数的选择,数码化的速度加快,表示数的位值制体系发展起来了,正如在巴比伦文化中那样。随着社会结构的日益复杂,有必要引入数字运算,例如通过加法和乘法将数字组合起来,而位值体系的发明又促使一种新符号"零"的诞生。它最初只表示空位,本身并不是一个数。我们使用的零,是印度人发明的,然而是通过阿拉伯人从印度获得的,还是通过希腊人从巴比伦人那里借用的,有人认为这并不是十分重要。因为最终发明零是必然的,如果进化过程本身还不足以为证的话,那玛雅文化中符号零的出现也可以证实这点。

然而,甚至在巴比伦数学中出现符号零之前,数字计算就已经开始了。他们构造了详尽的乘法表。此外,人们还认识到除以一个数 n 等于乘以它的倒数 $\frac{1}{n}$,并发现了大量用于除法的倒数表。为了寻找倒数显然是用了一些巧妙的计算方法。这很好地反映出当时已取得非常伟大的普遍性和抽象性成就。从实际作为严格"形容词"的原始数词(参见第 2. 1. 2 小节),到作为"名词"的 1,2 等代表抽象数字概念的进化是漫长而艰难的。我们不知道巴比伦人是否走到这一步,但他们在计算中使用数字的方式可表明这点,而且关于占星术的神秘主义文化也将证明此事。通过符号零被提升为"数字"表示方式可以看出,一个最初为某种目的而设计的符号逐渐被赋予一种新意义的一般过程。当一个数码代表一个抽象数字概念时,它已经迈出了离开外部现实世界的最后一步,并作为独立实体而存在。此外,用这些数字进行运算(加法、乘法等)成了一门关于"数的科学"的真正科学,就像今天任何自然科学中的计算和预测一样,古老的巴比伦数科学也处理了当时环境中外部现实世界的问题。

这里我们选取巴比伦数字科学中,对后来数学发展具有重要意义的两个方面(详见 2. 3. 2 小节)进行评价。其一是关于"定理"和"证明"的问题。如前面 2. 3. 2 小节所述,一般认为巴比伦数学不包含今天所谓的定理,即逻辑证明的一般性陈述。它是一类"做这个、做那个"的具体事务。然而,似乎已经默认了某些未说明的规则,例如方程的求解过程,虽然只是个别实例的例证,但如果将其以正式的方式陈述,就会形成"定理"。这些"数学家"清楚地知道某些方法是有效的,即使他们没有留下正式的陈述,也可以想象他们的交流方式,特别是在教学中是通过"口头"陈述规则(即"定理")来完成的。如果是这样,那么它们就很接近一般的定理概念了。

此外,巴比伦人的"证明"可能是在外部世界而不是在概念世界中发现的,"证明"可能纯粹是以口头陈述"解决"一个个实例来进行定理阐释,这无异于是种应用。(这样的解释完全符合今天大学里一些数学原著中所认为的“证明”!)人们可能认为,希腊人的定理和证明模式是他们对巴比伦先辈们的自然改进,就像我们的模式是对希腊人的改进一样。“在当时来说,它们已经足够严谨了。”

前面提到巴比伦数字科学的第二个重要的方面(第3.3.1小节)涉及一个似乎微不足道但对后来数学发展具有重大意义的应用。这就是数字科学的应用之一,即长度的测量,比如一个区域的宽度或一块石头的侧面。由于对长度的测量本质上就是计算该长度中某些常用单位的数量,所以通过这种方式,“计数”数也可以作为“度量”数,即一种自然进化。这是后来成为实数连续统的萌芽,也很可能是希腊几何学成为数学一部分的原因之一(可视化思维或某种思维模式的需求可能已经迫使几何学以某种形式包含其中,也许是在一种原始的拓扑结构中)。如果不是因为测量成为一种文化需要,从而使数字科学与几何形式相一致(甚至可能达到建立几何代数元素的程度①),那么几何学可能不会这么早成为数学的重要组成部分,特别是在它主导希腊数学的极端意义上。但从我们的角度来看,更重要的是以“量”的形式引入任意实数,会对数概念的进化方式产生重大影响。

巴比伦人发明了由邻边长度求矩形面积,由直径长度求圆的周长和面积($\pi=3$);由底面积和高度计算直圆柱体体积的计算法则,而且他们甚至知道所谓的整勾股数(3,4,5;5,12,13,等等)。虽然这些只是数字科学的应用,但它们构成了推导几何“定理”的素材。此外,他们很好地吸收了当时专业数学家的技术,使得几何学成为数学的一个组成部分。

简而言之,在前希腊时代,“文化压力”迫使发明计数方法,随着计数过程越来越复杂,需要适当地“符号化”来表示,因此引入了数码。后者得益于阿卡德人接受了苏美尔人的表意符号,这是一个文化“传播”的过程,它反过来促进了更大的“抽象”。对工程、建筑等方面的需求导致了将数字应用于几何测量,并使数字科学家逐渐同化几何规则,这些规则后来成为定理。数字科学家正承受着越来越大的压力,于“外”(文化压力)来自于非数学同胞们的需求,于“内”(遗传压力)来自于对获得数值本质结果过程进行体系化和简洁化的需要。符号本身开始具有固有而神秘的意义,就像有些符号所代表的那样,数字开始作为一种事物本身出现,即概念,从而脱离了物理现实及其应用。这无疑为希腊数学的蓬勃发展奠定了坚实的基础。

---

① Neugebauer, O. The Exact Sciences in Antiquity[M]. 2nd ed., Providence, R. I., Brown University Press; also New York: Dover. 1957: 149-150.

5.2 希腊时代

人们普遍认为,希腊人和他们先辈的研究之间存在着巨大鸿沟,或谓之一种“缺失的联系”。确实有个鸿沟,但它是否具有那么大的吸引力,使得历史学家常常去研究它呢?当人们研究其应用的潜在过程时,可能会得出这样的结论:所谓鸿沟,只是由于引入深刻革命性概念而导致的飞跃。巴比伦人把数学带到了希腊数学的两个基本概念——“定理”和“证明”即将诞生的阶段。毫无疑问,巴比伦人的思想已经传播到地中海东部地区。埃及人从他们身上借鉴了多少东西已经不得而知,但在埃及数学中,只有一小部分更先进的几何规则是在巴比伦数学中未曾被建立或取代的。

吸纳新文化方式的过程固然存在偏差,但毫无疑问,希腊数学仍能代表巴比伦数学的自然进化。当思想从一种文化传播到另一种文化时,通常会反复出现一种现象:“主体”文化自行对被吸纳的文化元素进行设计修改,以使它们符合自己的思维和行为模式。当我们对比观察希腊文化与巴比伦和埃及文化时,定会被他们智慧思潮上的根本差异所震撼。巴比伦和埃及文化,像更原始的文化一样,是严格且墨守成规的。二者均不鼓励思想的独立性,甚至视其为国家的威胁。但在希腊文化中,自由的态度占了上风。正如一位作者所言①,自由思想诞生于希腊,可以称为科学的观点。毫无疑问,作为文化的一个普遍方面,它对希腊数学的发展方式(环境特征文化压力的一个例子)无疑有着深刻的影响。在希腊数学诞生的一个半世纪内,即从公元前600年到公元前450年这段时间,几乎所有重要的数学家都是哲学家。例如,泰勒斯,一些作家认为他是第一个在定理和证明方面做出重大飞跃的人,还有毕达哥拉斯,他的哲学和数学相互交织,难以区分。由于缺乏历史证据,我们只得猜测,有可能正是由于希腊哲学倾向和巴比伦数字科学的结合,才导致了所谓的鸿沟,但这实际上只是向更高抽象层次的一次飞跃。希腊文化喜欢探索宇宙规律,人们在数学中寻找同样的规律,不也很自然吗?当然,在此过程中会出现一种不连续现象,但从文化进化的角度来看,这种不连续在意料之中。事实上,没有什么进化鸿沟比文化自身的开端(也就是人类和其他生命体之间的行为差距)更大。人类一旦拥有使用符号的能力,便造就了我们现今所见人类与其他动物明显在概念能力上的

---

① Barnes, H. E. An Intellectual and Cultural History of the Western World[M]. New York: Dover. 1965: 122. 译者注:巴恩斯(Harry Elmer Barnes,1889—1968)是美国历史学家,被誉为左派进步知识分子领袖。

差距。同样地,公元前600年的数学需要希腊哲学家寻找和发现一般规律的能力,通过这个能力可将数学转化成一种新的、更有效的工具,使得人们难以识别它原本缘于什么而产生。①

在大多数学者看来,数学确实是与希腊文化一同发展并成熟的。巴比伦人和埃及人"数"与"形"的概念,与外部现实紧密相连,并在更高抽象层次上被转换成新的概念。尽管这些新概念仍与外部世界有关,但它们拥有了新的地位:在理论上被认为是完美思想的代表。这里存在一种奇特的"双重性"。例如,虽然几何学被认为是来自对外部现实世界形式的精确描述。但很明显,完美的直线、圆和三角形并不存在于外部世界中,因此它们被推定为超越人类的理念世界中的完美模型。因此,数学在提供处理外部世界问题的方法意义上仍是"科学",但又因其本身而变为被追求的对象,故而诞生了数学的双重性,后面我们会进一步讨论这点。在柏拉图看来,数学的科学方面,即它与外部现实世界的关系,和数学研究本身相比,几乎无足轻重。纵观希腊时期的历史,当发现一个与几何相关的基本问题被解决时,会在当时的数学研究者中引起与今天我们参加数学研究过程一样的兴奋,这就是我们今天所谓的一种真正的"研究氛围"。

就"方法"而言,希腊时代发展起来最伟大的方法无疑是公理化方法。选择一些初始概念,并说明一些与之相关的公理或定律,通过定义和逻辑推导出所有其他的概念和性质,这种公理化方法后来成为数学和科学最重要的工具之一。诚然,它在充分发挥其潜力之前还需进一步发展,但已迈出一大步。希腊数学脱离了理念主义的双重性,构成了一门真正的、外部世界可见的形式化科学。

同样有趣的是,在所谓的希腊时代结束前,希腊人已经开始研究解析几何和微积分的元素。但不幸的是,希腊数学已经达到其顶峰并且开始衰落。毫无疑问,这种衰落的一部分原因,是符号表示未能与概念发展齐头并进,这在代数方面的表现尤为明显。可以推测,如果希腊人能如他们的后人一样,将他们基于量的几何代数与后人发明的符号平行发展,那么他们的数学可能会枯木逢春。不可忽视的是,希腊文化有许多数码,特别是在天文学方面,巴比伦的六十进制体系仍在继续使用。但在这里,造成这一现象的压力显而易见,六十进制体系允许整数和分数的统一表示,因此很好地满足了编制天文表格的需求。在

① 萨博认为,希腊演绎法"建立在埃里亚人哲学的基础上",希腊人最早的演绎科学是算术。然而,他认为公理和假设的引入是几何起源于由线段无限可分(芝诺悖论)与其在哲学构想中的单位不可分割之对比引发的矛盾。详见:Szabó, A. Anfang des Euklidischen Axiomsystems[J]. Archive for History of Exact Sciences, vol. 1, 1960: 37-106.

数学"内部"还没有足够强大的压力,迫使人们发明一个新符号来解决欧多克斯及其后人已完美处理过的问题。同样不可忽视的是,在几何上解决问题之后,可能是由于文化滞后或文化抵制,也可能两者兼而有之,希腊人未能将巴比伦符号应用于他们自己的数字问题上。

但毫无疑问,还有其他数学"外部"的原因导致了这种衰退。许多人都达成共识,如果当时的文化环境发展不同,欧氏几何的传统可能就会以某种方式延续,直到漫长的将近 16 个世纪后才在科学进化中得到发展。这似乎可从生活年代晚于欧几里得之后亚历山大时期的著作中看出。因此,阿基米德当然是最伟大的数学家之一。他在亚历山大欧几里得的继任者手下工作,使用了同现代极为相近的方法,将他的数学天分运用到力学研究中,尽管他基本上是以公理为本,以演绎推理来获得必要的定理的。这既是欧氏几何的传统,也导致了牛顿后来的研究。"他发明了整个流体静力学,并从事天文学,写了一本关于球体构造的书,以模拟太阳、月亮和五大行星在天空中的运动"。阿基米德的一位朋友埃拉托斯提尼"在亚历山大教书",他"非常精确地测定了地球的子午线周长"。事实上,欧几里得本人也写过一本关于球面几何的书,里面有一些命题是为观测天文学而设计的,还有一本关于光学的书和一本关于音乐的书。生活在欧几里得与阿基米德年代之间,来自萨摩斯的阿利斯塔科斯是"第一个断言地球和其他行星(金星、水星、火星、木星和土星)围绕太阳旋转的人,比哥白尼的预言要早 17 个世纪"。尽管数学出现了极端的几何转变,但希腊人似乎在数学及应用等方面都走上了现代科学的道路。

甚至连机械装置也开始出现,"如虹吸管、消防车、用祭坛之火打开神殿门的装置、手动或风车动力的祭坛风琴"①"插入一枚 5 德拉克马②硬币时洒圣水的自动机器"。据克莱因所述,"在每年的宗教游行中,蒸汽动力驱动的汽车沿着城市街道行驶。当神殿祭坛下的火燃烧之时,蒸汽就把生命注入了神——神举起手来祝福礼拜的人,也有流泪的神,和倒酒祭奠的雕像。"③这些机械装置显然会引发人们对这种异端倾向的巨大疑惑!我们可以合理地得出这样的结论:正是这些数学外部文化压力主导了整个西方文化的进化过程,而这正是希腊数学逐渐消亡的主要原因。正如后来在法国工业革命时期所发生的那样,由于文化环境对他们的需求不足,那些具有巨大潜力的思想可能会"被扼杀在摇篮中"。换句话说,当时的科学已经满足了那个时代文化压力的需求。

---

① Archibald, R. C. Outline of the History of Mathematics[J]. American Mathematical Monthly, 56, 1949: 22-25.

② 指希腊货币.

③ Kline, M. Mathematics in Western Culture[M]. New York: Oxford University Press. 1953: 62.

柯朗和罗宾斯指出,①希腊人以量的形式在他们所谓“纯公理几何的灌木丛”中占据优势的几何图形,导致了“科学史上一条奇怪的弯路”,从而“与一个绝好的机会擦肩而过”。“大约2000年来,希腊几何的沉重传统阻碍了数概念和代数运算的发展,而代数运算后来成为现代科学的基础”。但不幸的是,数学中的遗传压力在很大程度上导致了这种“弯路”,而对解析几何和微积分符号的需求所产生的环境压力则与之不相匹配。产生数的概念和发展出代数之间相差了2000年,这不该归咎于数学,而应由当时整个文化体系共同承担。对希腊数学的普遍观点表明,数学具有内在的生命力和广泛性,这证明它正朝着现代数学的方向前进。除了数学的进化过程,还有希腊人所有智力(科学和人文的)成就的发展,都受到文化环境及其普遍衰落的阻碍。试想如果当时处于一个不同的环境条件,那么后来由阿拉伯人发展出来的代数,很可能是按照希腊人的思维方式创造的,而现代科学则可能在16个世纪前就发展起来了。

希腊时期重要的进化因素有哪些呢?首要的是文化元素的“传播”。通过这种方式,巴比伦、埃及数学与希腊哲学相互交流,并最终发展出一门公理和演绎科学。更高层次的“抽象”,将数学提升到一个独立研究对象的高度,伴随着一种现代数学经常使用的工具,即“概括”,使其具有更强的可操作性。一种新数学诞生了,它一方面描述外部世界的某些结构,另一方面在理念领域中探索性质,全然不顾这是否能在外部世界中完全实现。与巴比伦-埃及的数学相比,内部或“遗传压力”在这种更抽象的氛围中起到更显著的作用。但是,由于缺乏迫使人们关注“符号化”作用的压力,因而延缓了希腊数学的进程,最终数学和由其助力产生的科学发展都屈服于更强大的、主宰西方文化的外部文化压力。

5.3 希腊时代之后和欧洲数学的发展

同希腊文学和哲学著作比起来,他们数学的发展状态相对较好。尽管许多重要论文已经散佚,但欧几里得和其他希腊学者的许多作品都为阿拉伯人所翻译,并为欧洲文化所熟知。大约在16世纪,希腊拜占庭时期的手稿流传至西方,促进了欧洲的几何复兴。阿拉伯人还建立了一个代数传统,在东地中海地

---

① Courant, R., Robbins, H. What is Mathematics[M]. New York: Oxford University Press. 1941: 16. 译者注:理查德·柯朗(Richard Courant,1888—1972)是德裔美籍数学家,美国科学院院士、苏联科学院院士。1907年在哥廷根成为大卫·希尔伯特的助手,是哥廷根学派的重要成员。之后流亡美国,纽约大学数学科学研究所于1964年改名为柯朗数学科学研究所。赫伯特·罗宾斯(Herbert Robbins,1915—2001)是美国数学家、统计学家。二人合著的这本《什么是数学》是世界著名的数学科普读物。

区和西地中海地区的西班牙与摩洛哥一带都很活跃。与意大利人的商业往来，带动了阿拉伯代数的传播，并引起意大利人对代数的兴趣，在方程求解方面尤甚。这种兴趣后来传播到了北部和西部，挪威阿贝尔和法国伽罗瓦的著作都可以证实这一点。由于方程求解和分析学的需求（遗传压力），人们创造了其他类型的数，丰富了整数和简单分数的运算。这是一个很好的例子，说明符号化进程是影响数学发展的一个重要因素。也就是说，符号的形式操作可能会迫使引入新的概念。我们可以回忆一下，符号零的运算最初是作为数字的位值制体系中表示没有数字的"空位符号"引进的，没有任何意义，但最终进化成了一个概念符号，即"数字"零。同样，在很长一段时间内，负数的平方根在数学上从来不被认可，符号$\sqrt{-1}$也被认为是不可接受的数。显然，它们是未经外部世界预先允许而获得的，没能进入希腊人所想象的那种理念数学世界中。然而，在算术规则的指导下，它们最终产生了有意义的结果。此外，没有它们，就无法获得代数和分析的完整基础。于是最终允许用符号表示"数"。

17 世纪，通过笛卡儿和费马的工作，代数、分析与几何彼此整合，发展出了今天的解析几何。解析几何的发明显然不是历史的偶然事件，而是一个长期进化的结果，其起源可追溯到希腊人的工作。阿奇博尔德说："生活在公元前 200 年的阿波罗尼奥斯，就圆锥曲线部分而言，他所写的东西远远超过我们美国任何一本解析几何教科书。"①笛卡儿所取得的进步，很大程度上是由于他对几何算术化方式，引入了一种优越的代数符号。从牛顿和莱布尼茨在不久以后建立的微积分，也可窥见这点。事实上，希腊人已经发展出了积分学的某些特征，甚至还包括他们在近似理论中对极限概念的一种理解，这些理论在今天已是常识。此外，牛顿的先辈们，已研究出现代微积分的大部分内容。简而言之，微积分是一个长期进化的结果，在获得现在人们所谓微积分的正式成果前，需要充分的外部压力和符号性质的内部发展。而微积分并没有止步于牛顿和莱布尼茨最后留下的形式，这个问题被置于一个有效的符号和算术形式之下，将增砖添瓦和建立合适基础的工作留给了后人。②

当读到这些发展历史时，人们会有一种感觉，尽管此时数学的性质更加复杂，但它似乎又回到了那些类似于古巴比伦时代的方式。正如巴比伦人并没有通过后人所认为的逻辑证明而设计了计算规则一样，17 世纪和 18 世纪的分析学也没有经过更多的"论证"。尽管有"贝克莱主教的质疑"和其他评论（详见

---

① Archibald, R. C. Outline of the History of Mathematics[J]. American Mathematical Monthly, 56, 1949: 24.

② 对微积分发展的精彩讨论，我们强烈建议读者参考：Boyer, C. B. The History of the Calculus and Its Conceptual Development[M]. New York: Dover, 1949.

第4章脚注),但人们仍自信地继续寻找能给出预期结果的新方法,而不太担心它是否拥有良好的基础。实际上,也有一些关于数学缺乏严谨的担忧——例如牛顿谈到,人们应该确定无限级数是否收敛——但此时还不是严谨的时候。这正是开拓新路的时候,需要的是勇敢,而非谨慎的胆怯。我们可以看到,如巴比伦时代同样的进化动力在起作用——外部和内部(遗传)的文化压力,而前者占主导地位且日益复杂,迫使在缺乏充分基础的情况下进行快速符号化。由于拥有良好的通讯和印刷设备,文化的传播过程变得更加活跃和微妙。正如巴比伦时代为后来希腊人奠定的伟大基础做了准备一样,17、18 世纪的数学分析也为 19 世纪戴德金和魏尔斯特拉斯等人奠定的分析学基础做了准备。

5.3.1 非欧几何

与此同时,在几何方面,其他伟大成果的发展也正逐渐成形。从欧几里得时代开始,人们就认为希腊人已为数学奠定了充分的基础,如欧几里得的《几何原本》。我们现在知道,欧几里得公理化体系是不完备的,甚至无法充分地证明他的第一条定理。但是古人的感觉却恰恰相反,他们觉得欧几里得的假设“太多了”。特别是,所谓的平行公设被认为是不必要的,甚至欧几里得也不喜欢它的假设。我们已经在引言(“3. 数学的人文特征”)中提到几个世纪以来数学家们是如何试图从其他公理出发证明平行公设的。甚至可能连奥马·海亚姆①也参与其中——有人认为 14 世纪阿拉伯人对平行公设证明的尝试就是重复海亚姆的工作。回想 18 世纪上半叶,意大利耶稣会教士萨凯里,为证明平行公设而创造了大量的非欧几何(他自认是这样的)。19 世纪早期,三位数学家高斯(没有公布他的研究成果)、波尔约和罗巴切夫斯基,能够各自独立地取得突破,也就不足为奇了。

可以建构非欧几何的连续发现,对人类知识从最实用到最抽象各层面的进化都具有重要意义(参见引言“3. 数学的人文特征”)。欧氏几何的性质并不是绝对或必要的,尽管数学世界至少花了 30 年时间才意识到这一事实,而一旦文化障碍被克服,其影响是巨大的(比较 3. 5. 1 小节)。首先,对所有思想并非完全封闭的人来说,数学真理原本所在的柏拉图式理念世界,显然必须被一个人为的数学概念世界所取代,正如人类在适应和控制环境时发明的其他体系一样。保留了数学的双重性质,数学仍然是科学研究的工具,但在概念方面,它现在获得了前所未有的自由(详见 3. 5. 2 小节)。这是一种自由,同时也伴随着一种信念,即它不再受到理念世界或外部世界的限制,但这种不受经验世界或

---

① 译者注:奥马·海亚姆(Omar Khayyam,1048—1122)是波斯数学家、天文学家和哲学家。

"真理"的理念世界强加约束而创造出来的数学概念,其性质却限制了对其本身的发现。这种自由的感觉并不完全合理,但就当时而言,它无疑是一剂强心针(详见 6.1.4 小节)。

另外,现在已经准备好对一个新领域的开拓和耕耘,即公理化体系。传统观点认为公理是不言而喻的真理。在所有关于平行公理的研究中,没有人质疑它的真实性——这是一种有趣的文化抵制,又或许是没能更早发现非欧几何的主要原因。现在必须放弃"真理"一词,将公理简单地作为描述外部或概念世界中某个模型的基本假设。公理化方法广泛适用于数学和非数学模型,这是上个世纪(指 19 世纪)和本世纪(指 20 世纪)初对这种方法所提出的新观念。①

5.3.2 关于无限的介绍

这种对数学的新态度——认为数学已经摆脱束缚,可以自立发展——很可能与上世纪(指 19 世纪)下半叶的另一项重要发展有关。今天,数学有时被称为无限的科学。② 大约在 1895 年以前,这种说法几乎没有什么说服力。希腊人倾向于避开无限。欧氏几何基本公理认为"每条直线都可以延伸",但并不是每条直线都无限长。虽然人们普遍认为他证明了无穷多个素数的存在,但他真正证明的是"素数比任何给定数量的素数都要多"(详见 3.3.2 小节),也就是说,给定任意有限的素数集合,存在一个规则,根据这个规则可找到一个不在集合中的素数。该规则严格地类似于直线的可延伸公理。如前所述(4.1.1 小节),就在 1831 年,伟大的数学家高斯就强烈反对在数学中使用无限,他说"无限只是一种话术"。

但是,在进化过程所施加的文化压力承认这样的原则:如果一个概念(无论它多么令人反感,或可能遇到多少文化抵制)提供了一种克服顽固问题的方法,那它最终会进化并被接受。数学也遇到过这样的问题。所有的应用数学家都知道,在声学、热学等理论中对波运动的研究,带动了对三角级数的研究;研究三角级数又带动了一些关于分析基础的问题,这些问题可通过研究无限集合来解决。最终导致发现,就像在有限集合的情况下,两个集合可能有不同数量的元素一样,在无限集合的情况下,两个集合也可能有不同"数量"的元素。但要使后一种说法有意义,当然有必要知道无限集合的"数量"是什么意思。研

---

① 可以肯定的是,这种观点的改变并不完全是由于非欧几何,因为它似乎是一种更普遍发展的一部分。因此,逻辑学上的布尔、代数学上的皮科克和力学中的惠威尔已经在以预言未来发展的方式验证公理了。

② 参看:Weyl, H. Philosophy of Mathematics and Natural Science [M]. Princeton: Princeton University Press. 1949: 第 4 章 4.1.1 节.

究这些问题的德国数学家康托尔不仅给出一个无限集合数量的定义,即所谓的"超限数",而且他的定义还将应用于有限集所产生的有限自然数作为一种特殊情况。此外,他还将自然数的运算推广到这些超限数,集合论就这样诞生了(详见第4章)。

数学世界又一次面临两难境地:是否承认一个新的可疑角色进入正统的数学领域。显然,当人们直接理解这种由非欧几何新发现的自由时,并不会认为这是可以引入与所谓现实相距甚远概念的通行证。毕竟,人们可以很容易地证明非欧几何在物理世界中的适用性。但无限集合存在于外部世界吗?因此,康托尔最具基础性和创造历史意义的一篇关于无限的论文,最初被他投稿的期刊拒绝,也就不足为奇了。虽然他的论文最终发表了,但人们对他的理论却意兴阑珊。

然而,新理论不仅提供了一种解决棘手的基本问题的方法,还为研究开辟了新的前景,也证实了由此产生的遗传压力足以对抗文化抵制。到1900年,尽管这一理论尚未被接受,但在数学界基本获得了尊重(与此同时,它敏锐的创造者康托尔被送进了精神病院)。

5.4 数学进化的动力

数学进化中可辨别的主要动力如下。其中多数已在前文中有所体现,但并非全部,这是因为有些动力只在现代数学中才明显发挥作用:

1. 环境压力。

(a)物理的。

(b)文化的。

2. 遗传压力。

3. 符号化。

4. 传播。

5. 抽象。

6. 概括。

7. 整合。

8. 多样化。

9. 文化滞后。

10. 文化抵制。

11. 选择。

5.4.1 评注与定义

正如个人发展会受到“环境”和“遗传”这两种因素影响一样，数学进化的发展也受到外部和内部压力的影响。我们借用这个类比，使用同样的术语“环境”和“遗传”，以此来区分压力的类型。然而，必须避免这两种因素泾渭分明的错误想法，因为在一个已知数学概念的进化过程中，通常是两种因素同时起作用的，就像自然进化的情况一样，二者无法分离。尽管区分二者可以便于分析，但要时刻意识到，在任何给定的情况下，这两个因素都不可能在实际意义上实现分离。

环境压力可分为物理的和文化的两种成分。物理成分在开始计数“1、2”阶段一直很重要（详见 2.1.1 小节），而在扩展到真正的计数过程（以及后来的大部分发展）中，却是文化成分占主导地位。虽然物理学和力学是数学发展的主要因素，但人们不应该被这一事实所误导。物理学和数学一样，是一种文化现象，是人类创造的文化环境的一部分。虽然环境压力的物理因素可能仍然是“物理学”进化最重要的影响因素之一，但数学并非如此。

在希腊文化中，遗传压力的影响变得非常明显。这一点在“危机”中，已通过不可公度性和芝诺时空悖论得到最有力的证明。这些无疑是将引入公理方法和发展几何作为数论和空间形式（如三角形和圆）研究工具的一个主要因素。不可忽视的还有希腊哲学思想所施加的文化压力，以及随之而来的对知识的渴望。欧几里得《几何原本》出现的宇宙基本结构就在希腊几何学发展中发挥了作用。

计数发展和最终形成表意性质数学符号的特殊类型，都是基于“符号化”。只要受制于自然语言，普通话语的语言，甚至是为数学目的而创造的特殊“词汇”，数学的进步就会受到阻碍（比较 2.2.2 小节中关于数码化的注释）。公平而言，17 世纪数学分析的飞速发展并不仅是当时欧洲普遍文化进步的产物，除非确实能将这些进步与韦达、笛卡儿、莱布尼茨和那个时代其他人伟大的符号化成就联系起来。因为在分析那个时代的数学进步时，人们会惊讶于它实际上是由一种全新但却强大的符号体系组成的。例如，微积分虽然以阿基米德和其他希腊数学家的成就开始，到牛顿和莱布尼茨时代，已经形成了广泛的积分和微分理论，但却是牛顿和莱布尼茨为之创立了“一种用于分析学运算的一般符号体系，它遵循严格规范的规则，并且独立于几何意义之外……牛顿和莱布尼茨分别独立创立了微积分，并且使用不同的符号。”①

---

① Rosenthal, A. The History of Calculus[J]. American Mathematical Monthly, 58, 1951: 75-86. 译者注：亚瑟・罗森塔尔（Arthur Rosenthal，1887—1959）是德国数学家，美国普渡大学数学教授。

数学中特殊符号的功能,可以与在日常活动中习惯所起的功能相类比。例如,在系鞋带时我们不需要思考其过程,因为我们已经养成了这样的习惯。同样,一旦记住了表示解的公式,解二次方程就不需要考虑了,因为我们已经养成了一种符号"习惯"。遗憾的是,许多数学学生只养成这种符号习惯,却对这些符号的背景知之甚少。事实上,当许多数学教师的教学超出学生的符号习惯时,必将听到学生的怨声载道(参见引言"2. 学校数学")。此外,正如前面所说的,一旦创建了一个合适的符号,它往往会产生一种内在的遗传压力,[①]例如提出一种广义形式,或出于解释目的而扩展相关理论(如高次方程对数概念扩展所施加的压力,使$\sqrt{-1}$作为一个数)。

希腊文化在数学上取得巨大进步的最初动力是"传播":巴比伦和埃及数学与希腊哲学相遇,产生了一种全新的、完全不同的数学融合。在那之前,几何只存在于计算面积和体积的法则中。类似于产生数字科学的文化压力,也产生了测量的规则。此外,遗传压力促使这门科学的实践者为了运用他们的算术能力,而创造具有几何性质的问题。但除了这些类型的压力,几乎没有出现其他进化因素的证据。如果没有接触新的文化,那么巴比伦-埃及式的算术和几何很可能一直处于几乎静止的状态,就像中国数学一样。从巴比伦和埃及传播到希腊,为希腊哲学提供了新的动力。甚至那些接受关于泰勒斯和毕达哥拉斯民间传说的历史记录中,也有这些学者在近东地区进行广泛传播的痕迹。他们收集几何性质的信息,作为研究的基础。就像甘兹所指出的:"可以说欧几里得《几何原本》第二卷的第一到第十个命题以几何形式阐述了巴比伦的代数定理。"[②]

比较希腊人先辈们的数字科学也可发现,希腊人在数学进化过程中引入了新的成分,特别是"抽象"和"概括"。诚然,这是个关于抽象度的问题——并非"起源"于希腊,就像一个人开始了计数过程一样。在巴比伦和埃及文化中,数和长度(以及测量标准)的原始概念发展已经激发某种基本类型的抽象和概括。另外,符号化作为这些成就的基础也是如此。但本质上,随着希腊数学的发展,人们会发现抽象和概括的特殊数学形式,已经为每个现代数学家所熟知。前希腊时期抽象和概括的类型,有点类似于现代工程师为满足给定"现实生活"而建立合适的数学模型。后者可被称为"一阶"类型的抽象和概括,而希腊人引入了"二阶"类型,它建立在数字科学和测量规则的"一阶"元素的基础上。

似乎没有必要进一步评论抽象和概括的过程。从数学与物理学和包括社

---

① 这无疑是赫兹的感觉,见引言"3. 数学的人文特征"中引用的他的陈述。

② Gandz, S. Studies in Babylonian Mathematics[J]. Osiris, 1948, 8: 13. 译者注:所罗门·甘兹(Solomon Gandz,1884—1954)是澳大利亚裔科学史家。

会科学在内的其他科学领域的联系,数学家抽象出数学模型。数学的科学性主要就在于此。在遗传压力的影响下,不断地抽象(一种“二阶”抽象),例如,在使用公理方法研究一个概念的内在属性时,发现这个概念存在于许多不同的数学理论中。为了节约时间,必须一次性解决所有概念的性质,而不是一次次地以特殊形式出现,此时的压力带有一些“经济的”性质。

术语“整合”用来表示将各种分散的数学体系集结在一起并包含在一个体系中的过程。在某些情况下,它可能仅仅由两个体系结合二者的优点整合而成。例如,托勒密和其他天文学家使用的爱奥尼亚数码和巴比伦的六十进制位值体系是一种整合(如前所述,这种整合一直延续到今天——只是使用了我们自己的数字而不是爱奥尼亚数字)。又如,代数与几何的结合形成解析几何。整合常常是通过其他进化动力的作用来实现的,尤其是遗传压力、抽象和概括。例如,在数词的某些原始进化过程中可能发生了整合。对不同类别的对象使用不同类型的数词,最终演变成对所有类别使用单一数词,在文化意义上这可以体现文化压力或抽象基本形式的整合。

然而在现代,整合显得更为重要。随着数学的发展,不仅有更多的整合机会,而且遗传压力也经常迫使整合发生。数学早已超出任何一个人的理解范围了,如果那些彼此明显独立发展起来的理论确实具有类似性质,那么经过抽象、概括的过程,它们通常就会产生一个体系,而且在这个体系中,这些性质就会成为特例。群论就是这样诞生的。今天,所有的数学家都熟悉群论,并在他们的工作中能够立即辨认出群论的元素,进而可以应用群论定理中众所周知的(并且已经研究出来的)特征。然而,在各种理论的群论特征得到整合之前,这些理论元素以不同的形式分散在代数、几何以及分析学中。

这再次证明了完全区分进化动力的难度,一种动力往往会伴随或先于其他的动力。今天,整合普遍是由遗传压力引起并伴随或通过概括与抽象来完成的。据贝尔的记录,已故数学家莫尔在 1906 年曾说:“我们制定了一个从抽象到概括的基本原则:‘各种理论核心特征之间相似性的存在意味着一个一般理论的存在,该理论是特定理论的基础,并将这些核心特征统一起来……’”①显然,这是对现代形式整合过程的认可。然而,莫尔的研究可能提及他所说的“存在”只是潜在的,要在遗传压力下才能实现。像莫尔所说的例子,在现代代数的进化中经常出现,即对不同体系中相似模式的认知导致了整合。因此,所有的公共数系,包括普通算术(整数)和实数体系,都表现为数系一般类型中的

---

① Bell, E. T. The Development of Mathematics[M]. 2nd ed., New York: McGraw-Hill, 1945: 539. 译者注:伊莱基姆·莫尔(Eliakim Hastings Moore,1899—1931)是美国著名数学家、教育家,美国数学会的创始人之一。

特例,现在代数中称为“环”。在名为拓扑学的现代数学领域中,各种空间类型日益丰富导致形成“拓扑空间”的概念,其架构是通过添加适当公理确定不同类型的空间。

有时看似整合,实则是概括。例如,如果一组公理因删除其中的一个或多个公理而被削弱,那么得到的公理集可能会变为能体现几个理论共性特征的重要理论。但它产生的“过程”是一种相当琐碎的概括,而不是整合若干理论中已知共同元素的结果。“结果”可能相同,但实现的过程却不同。

当从一个数学体系的不同研究方向出发,创造出概括或扩展这些研究方向的新体系时,“多样化”就产生了。同整合一样,多样化在现代比以前更加重要。然而,通过对历史细节(并不完全符合模式)的一些自由处理,现存的数系、几何图形等的激增在很大程度上是由于多样化。自然数“存在的理由”主要体现为它们在计数过程中的作用。最终,在测量和排序这两个研究方向取得成果。另一方面,由于文化压力的需求,又引入了加法和乘法运算,从而产生新的研究方向。终于在运算和测量方面产生了分数,并最终产生了实数——将原始计数方面扩展到超限基数,而排序方面扩展至超限序数。专业数学家可以毫不费力地找到“多样化”的例子。尽管遗传压力也助力于多样化的开始,但此时“抽象”和“概括”再次扮演了重要的角色。

在第1章1.2节预备概念中,讨论了作为文化动力的“文化滞后”和“文化抵制”。在文化滞后方面,“传统”体现为阻止采用更有效的工具或概念,美国的测量公制体系就是非数学领域一个不错的例子。这在数学和数学教育中也可以看到。毫无疑问,这是基于惯性,而非传统。数码的改进没能从一种文化传播到另一种文化,这在很大程度上是由于文化滞后。在文化抵制方面,可能以民族主义(如众所周知的英国对牛顿“流数术”的坚持,而反对欧洲大陆的微积分形式)、“小团体主义”(数学家们有时也会因来源于不喜欢的明显优越于自己的对手,而执着于专业术语或概念工具)等形式,聚集较少的保守力量来抵制变革。

随着时间的推移,人们经常发现,为了表达或处理一个概念,出现了各种各样的符号工具(或仅仅是特殊的符号),而最终却只保留一种符号。这是“选择”在数学进化中起作用的一个基本例子。当各种不同的概念都朝着同一个数学目标发展时,就会出现这样的情况,但最终只有一个概念会被保留下来,而有时,如果没有一个概念在所有特性上明显优于其他概念,那么几个概念便可能都会保留下来。

然而,并非所有保留下来的都是最好的,这可能是某种微不足道的原因所导致的,比如某个特定数学家群体在文化中的主导地位。这不仅适用于数学理论本身,也适用于诸如接受或拒绝特定符号等相对次要的问题。然而,这并不意味着一个主导群体的公开拒绝。在这方面,“选择”一词可能不太合适,因为这个过程不是外显的,而是渐变的。若干年前,某国际数学家团体出席一个特别讨论会,旨在公开选定数学领域的标准术语,因为当时这些术语实在混乱不堪又令人困惑。尽管这件事带来许多好处,比如提供了直接交流观点的机会,但就其最初目的而言,这个会议无疑是失败的。除去少数冥顽不灵的人以外,新进入该领域的成果都会经历“自然”选择的过程而逐渐选定专业术语,这个领域的术语最终实现标准化,选择的问题也最终得到了解决。顺便说一句,这在迅速发展的数学领域中并不罕见,不同的人发明了不同的术语,在经历逐渐选择并做出决定前,这些术语能否最终保留实际上是不确定的。

正如在其他科学领域一样,也有一些经典案例显示,由于创造者没有与重要的数学中心建立充分联系,使得他的工作没有得到认可。作为构成整个文化连续体的一部分有机体,数学不可避免地朝着与文化保持最密切联系的数学群体所遵循的方向发展,而这些群体通常位于所谓的“重要”数学中心。一种极端的情况是,一个孤立的研究人员未能与这些中心保持联系,忽视或者从来不知道他们的出版物,这时就会出现一种文化异常——与时代“脱节”的创造。这些创造的保留价值很小,或者可能在其所处“时代之前”具有重要意义。在后一种情况下,如果数学研究的方向是类似的,那么它们要么被“再次发现”,要么被认识到它们重要性的人发掘出来(数学家格拉斯曼和吉布斯,或者植物学中的孟德尔,就是很好的例子)。

深入研究数学进化中选择因素的作用将是很有趣的,据我们所知,这件事到现在还没有完成。在这方面,可以注意一下“周期性现象”和“数学潮流”。

然而在数学中,选择的一个非常重要的类型是能够控制研究方向,即指引新的数学创造方向,尤其是数学界认为“重要”问题的选择。这种类型的选择毫无疑问被其他进化动力所支配,尤其是遗传压力,这一点无疑值得特殊研究。例如,在国家处于紧急状态时,不仅可将研究转向那些原本“不受欢迎”或以其他方式被忽视的问题,而且还可以创建全新的数学分支。①

5.4.2 个体层面

由于这里只关注数学作为一种“文化”有机体的进化,因而尚未讨论那些作用于个体或心理层面的动力。很多文章都阐述过关于实验科学中的“意外发现”,即在研究或寻找不相关事物过程中的偶然发现或发明。发现青霉素就是一个典型案例。读一下现代数学的历史,就会发现数学中的类似情况。但

① 关于“个体”部分选择的讨论,请参阅:Hadamard, J. The Psychology of Invention in the Mathematical Field[M]. Princeton:Princeton University Press. 1949:第九章.

是,意外发现在这里不作为一种进化的力量,因为它的影响与数学家的个体特点具有几乎相同的偶然特征。不可否认,这些因素确实影响数学的发展进程,即使它们受到文化动力的引导和限制,数学发展必然依靠数学家个体的努力。但这些问题更多地属于数学发展中的心理学表现。当然,探究这些心理因素与这里在文化层面列出的进化动力间的相互作用,很可能是有益的。事实上,这种研究可以像与生物进化相关的基因突变研究一样富有成效。

也许有人会问,既然神秘主义在数概念的进化中被赋予了如此重要的地位,那为什么没有被列入上述进化动力的列表中呢?然而,最好将神秘主义看作只是在数概念发展中发挥作用的文化压力的一种特殊文化形式,而不是一般的进化力量,它不像其他动力一样,在现代数学中起显著作用。另一方面,它对早期数字进化的影响占主导地位,我们完全可将它视为进化进程的一个"阶段"。它不应与柏拉图式的理念主义混淆,许多很难被称为神秘主义的现代数学家都坚持一种理念主义的数学哲学。

5.5 数字进化的阶段

为避免充满案例的全面研究所涉及的专业性,我们对进化动力的讨论主要围绕数和初等几何的进化。然而,这些动力在西方文化中的数学发展一直具有广泛影响力。必须强调的是,虽然我们是从历史的观点切入,但这些动力的列表并不构成历史顺序。所有列出的动力通常是同时发挥作用的。事实上,它们目前也仍在起作用。

作为对比,数的概念至现代状态所经历各"阶段"的历史顺序如下所示:

数字进化的阶段①

1、2 的区分

1、2……很多

对象集合的比较(一一对应)

计数

数词

① 译者注:怀尔德后来在 MAA 的一次会议演讲中调整了这个历史序列,改变了神秘主义和数系的先后顺序,并把后三个阶段分别调整为分数、零和负数、复数等,详见 Wilder, R. L. History in the Mathematics Curriculum: Its Status, Quality and Function[J]. American Mathematics Monthly, 1972, 79: 479-495.

象形文字
神秘主义
数系
数字运算
理念主义
新数字类型(复数、实数、超限数等)
逻辑定义与分析

最后一个阶段——数字概念的逻辑定义与分析——还没有讨论,因为它需要太多的专业知识。值得一提的是,主要由于遗传压力的作用,数学逻辑和基础的现代学派都接受这样一个任务,即提供一个能够展示出直观概念所期望的所有特征可接受的数概念。许多这样的定义都是在集合论公理基础上提出的。然而,数学家和数的直观概念可以和睦相处,因为对“研究型数学家”来说,这似乎已经足够了。

现代数学的进化

第6章

6.1　数学与其他科学的关系

科学发展一个看似矛盾的特点是，它的概念离外部现实越远，则在控制人类环境方面就越成功。例如，物理学的概念已经变得相当抽象，人们需要学习多年才能理解它们，而且当人们终于觉得对其有所理解时，就不得不以一种与看待环境中物理感知对象不同的态度接受这些概念。而现代物理学是“行之有效”的，无论它的概念有多么抽象和“不真实”，它们都使得我们有望进行一场新的革命——原子时代。也许伟大社会变革的参与者很难意识到它们的重要性。但是不难想象，除非发生灾难性的战争，否则人类随时都可以获得能完全改变其生活方式的新能源。

6.1.1　与物理学的关系

数学和物理学密切相关，且将持续如此。物理学已经成为数学最重要的文化压力来源之一，这在过去的几个世纪尤为明显。然而，这并不是一种单向关系。虽然古典数学的许多性质都是源于对物理理论的思考，但也存在相反情况。可以观察到在这两个领域关系中一个最有趣的现象，数学理论的发展有时远远超出了物理学的需要，朝着物理学家不感兴趣的方向发展，而物理学家最终却在新创立的数学理论中，找到了修改或扩展自己概念框架所需的工具。数学概念最初是从自然或文化现象中抽象出来的，后来在数学内部进化动力的影响下发展，直到它们进化并提出适合自然和文化现象的新模式，或提供研究这些新模式的工具。进化动力的固有性质，决定了它们最终会发展成为具有文化意义的概念结构。现代数学理论的直接起源与外部物理现实相距甚远，但却能应用于物理理论，研究这种情况的进化细节十分有趣。这将追溯到数学、物理或二者兼有，联系两种理论与其源头是否有共同的交汇点。人们可能会这样认为，特别是在数学“内部”也出现过类似的现象。

数学中的多样化是在抽象、概括和遗传压力影响下发生的。新型数系、新型几何和新代数理论的进化，似乎彼此无关。但最终会发生各类整合。这些可以像经典的解析几何一样，以代数体系与几何体系相融合的形式完成。在现代，产生了代数与一种新几何形式“拓扑学”的整合。这不仅对拓扑学的不断进化产生了深远影响，而且新的“代数拓扑学”体系提出了新的代数概念，同样对现代代数的发展产生了强烈影响。这并不是一种现代现象。当发现并非每两条线段长度的比都可用整数来表示（不可公度性）而揭示早期希腊几何学的不足时，欧多克斯的理论通过数与几何的融合解决了这个困难（参考第 3 章）。在这类情况中，某一数学领域的概念适用于另一领域，就会产生一种整合形式。同样地，将数学理论应用于助力产生新的物理学理论也是一种整合形式。

虽然物理学和数学在大学里是独立的学科，但这并不比某些数学领域间的分野更明显。大约 30 年前，一本流行杂志（我记不清了）上刊登了一个故事，“主人公”是一所虚构大学的拓扑学系主任。数学家偶然读到这个故事会觉得很有趣，类似于物理系和数学系的独立是物理学和数学分离形式的一般影响，而数学的精细分离导致了拓扑学独立为院系。但事实证明，这种想法并不牵强。在一些机构中，由于数学的发展和学生入学人数的增加，统计学、精算科学和逻辑学已从其所属的数学系分离出来，形成独立院系。早在 1920 年，一些大学就产生了“纯粹数学”和“应用数学”的分支。另一方面，物理学家和数学家间的跨院系合作并不少见。例如，图论是拓扑学的一个分支，它起源于 19 世纪物理学问题的研究，在经历了一段快速发展后，于本世纪（指 20 世纪）却变得相当沉寂，最近经历了一次复兴，导致其在物理科学和社会科学中都发现了新的应用。

6.1.2 更加抽象的科学趋势

最好从更为广泛的视角来考虑趋势问题。在过去的一个世纪里，所有的科学都变得更加抽象。今天的物理学和 19 世纪的数学一样抽象，理论物理学和现代数学一样抽象。物理学的“方向”主要是面向“物理现实”，即对物理现象的解释。但这并不能否认许多理论物理学在概念上和最抽象的数学一样远离

"现实"。同样地,将化学和生物科学的现状与一个世纪前的情况进行比较,也会发现类似的抽象倾向,尤其是在最基础的方面。在科学领域中,社会科学还比较年轻,仍处于进化的早期阶段。数据收集阶段已经让位于建立一般理论阶段,而新的数学工具(统计学、图论、线性代数、拓扑学)正适用于它们的需要。抽象作为一种进化动力,显然并非数学所独有。

此外,文化滞后和文化抵制在社会科学的进化中,似乎比在数学中更有影响力。人类最大的不幸之一可能就是一直不愿研究自己的行为。在现代天文学和物理学的早期发展中,物理科学家所处文化环境造成的各种障碍同样妨碍着社会科学家,而且从未完全消除过。"解释"人类起源和行为的原始教条所对应的现代观念,在某些方面与社会科学的理论进步相对立,就如中世纪物理理论原型一样。遗憾的是,有时不熟悉科学史的科学家对于社会科学家寻求认可的努力持轻蔑和冷漠态度。这既不幸又不合理。同样是这些科学家(因为看到物理学成果被用于威胁人类的生存)哀叹着:"我们"对于文化进化知之甚少,似乎完全无法阻止灾难,却仍然蔑视科学中唯一可能解决我们困境的部分。而结果可能是,努力太少,也太迟了。然而,假设文化现状继续存在,那么社会科学将不可避免地以一种与物理科学现在解释"物理现实"一样有效的方式,上升到能够"解释"人类"个体"或"集体"行为的理论地位。

6.1.3 与其他一般科学的关系

抽象作为一种进化动力,与第 5 章中列出的其他动力一样自然、基础。数学作为科学家族中的元老,受其影响的时间最长。因此,数学这个最古老的科学分支能达到如此抽象的境界,也就不足为奇了。但是,现代数学是否像希腊数学那样"走错方向了呢"?是否应更关注初始压力(这种压力促进数学形成并影响其本质)的物理环境呢?如果这样想就忽略了一个事实:几个世纪以来,作用于数学的主要环境压力一直是文化压力,而不是物理压力——特别是姊妹科学的需要。而后者早已脱离了实用工艺阶段,本身就是十分抽象的。很难将现代数学所达到的高度抽象化称为一个错误的转向,正如科学趋势的全貌所揭示的那样,这是进化的自然产物。然而,可以预料的是,数学将时刻关注其他科学分支的需要。即使是多样化也不仅依赖于个别科学分支而同样依赖于相邻分支的潜力。

关注与"应用"保持联系将会有更广阔的前景:某些数学工作者将会不断发现共享思想的机会,并从"数学或非数学"的其他科学分支获得灵感。诸如概念的文化压力、整合和传播等动力可以发生在任何两个或两个以上科学分支之间,无论它们是否属于同一个普通"学科"。非科学家(比如有研究资金的政府机构)要求科学家把自己局限于看似"实用"的东西,就是忽略了往往一些最抽象的发明最终会“应用”于普通人的日常这一事实。法拉第和他的电磁研究(使电动机成为可能)以及克拉克·麦克斯韦和他的麦克斯韦方程组(揭示无线电波的存在)都是经典例子。这些都与数理逻辑(可以认为这是抽象的极致)的历史及其在计算领域的极端重要性(ENIAC 的创始人冯·诺伊曼最初是数学基础的研究者,对数理逻辑非常熟悉)相匹配。[①] 然而,这种“应用”是偶然的,而且只是数学和更普遍的科学抽象在科学传播中广袤风景的一角。

6.1.4 专业化

第5章所列全部进化动力都在不断地影响着数学的当前趋势(如上所述,环境压力是一种文化特征)。从广义的角度看,现代数学呈现一种具有新分支的连续创造过程,如出现计算机和自动机理论;数理逻辑和拓扑学这样老而弥新的领域已经处于成熟阶段;分析学这样更古老的领域在拓扑学和集合理论等新领域的助力下不断活跃;最后,数论和古典几何学这样真正古老的领域随着岁月流逝而略显暗淡,但绝不会枯萎。生有涯而知无涯,从这幅宏图可以明显看出,今天的数学家不可能熟知整个数学体系。这皆因多样化而来,也必将诉诸专业化。为提供更全面的培养,数学专业研究生课程和博士学位的要求不断修订,同时允许为学位研究要求对所提供必要的基础进行专业化。许多人谴责专业化,但我们面临一个不可避免的事实:当一个领域变得非常庞大和多样化时,有限的人力资源就会被迫“紧缩”,而专业化是取得进步的唯一途径。这只是“生活常识”之一。在先进的现代文化中,这是对行业极端专业化的数学类比。正如任何行业(政治、金融、机械等)的专家都在某种程度上受到其所处文化潮流的影响而必须与时俱进一样,数学分支的专家也要在熟悉其他分支(以及其所在分支)的发展方面投入精力。这样进化动力就发挥作用了。专业化是现代数学巨大多样化和人类有限思维能力之间的自然妥协。它已成为遗传压力中一个越来越重要的因素。例如,它促进了整合,这意味着可以使个体掌握更广泛的概念材料。

6.1.5 纯粹数学与应用数学

极度的多样化和由此产生的专业化,对数学和整个广泛科学领域的另一个影响是创造了应用数学专业(见引言“3. 数学的人文特征”)。由于没有公认的定义,所以人们对这个词的含义一直有很多误解和混淆。

在这方面,下面的示意图(图6.1)可能会有所帮助。

---

① 就像引言“3. 数学的人文特征”中提到的例子一样,数理逻辑是由数学内部的遗传应力进化而来的,而不是着眼于“应用”。

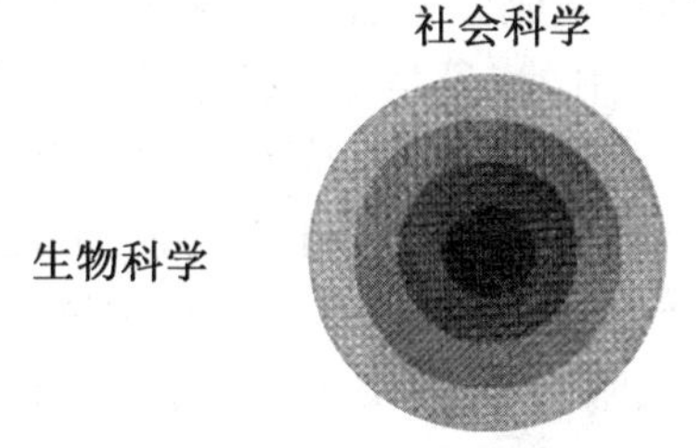

图 6.1

阴影部分代表数学、阴影最深的部分表示其核心分支,即现代数学。这个核心可被认为是数学的心脏(最纯粹的数学),其中学科“本身”的发展集中于此。阴影较浅的部分代表与数学有关的其他领域;最接近核心的部分联系最弱,阴影最浅的部分联系最强。如图 6.1 所示,无阴影的外部代表物理、生物和社会科学,以及哲学(哲学受到数学思想的强烈影响)。在阴影和非阴影区域之间不做明显的区分,是为了强调在实践中没有明显的分界线。物理学家可能发现自己在研究纯粹数学,而数学家有时可能在研究物理学。虽然一所大学可能有“纯粹数学”和“应用数学”两个系(有些大学是这样),但这并不意味着可以明显区分这两个院系的数学背景及其成员的数学训练。区分院系的主旨是希望“应用”数学系的成员关注与其他科学直接相关的数学概念研究。除了数学的硬核背景,还必须熟悉其他科学,尤其是其中的问题和方法,以及适应新知的能力。他往往具备与“纯粹数学”系的同事一样的资质可以研究纯粹数学,只是志趣不同而已。

另一方面,在图 6.1 阴影最深领域工作的“纯粹”数学家尽管对其他科学没有兴趣,但却不知不觉地创造了应用数学家认为对其他科学有用的新概念。而“应用”数学家由其广泛关注的建议而发展的概念,结果形成了数学核心领域的扩展,这也并不罕见。

此时进化动力的作用已经相当明显了。不同专业对彼此施加的文化压力是最有力的证明。但这个过程也涉及从一个专业向另一个专业的传播、进一步多样化后的整合(及反向过程),抽象和概括——难怪“纯粹数学”和“应用数学”这样的标签,通常很难用于某个数学家或某个数学成果中。我们所说的纯粹数学家是“为了数学本身而做数学”,不考虑其创造能否应用于大众所说的现实世界,但他不断惊奇地发现,其概念会以一种自己从未想过的方式应用于现实世界。换句话说,似乎无论数学多么抽象,看起来多么脱离物理现实,它都可以有效直接或间接地“应用”于“现实”。无线电、航天飞机等都可以见证,没有数学这些都是不可能实现的。但这种现象只能证明数学的文化和科学属性。

毕竟，文化的主要功能，尤其是其科学成分是适应和控制人类环境。虽然数学的二重性似乎把它分成了称为“应用”和只是专业数学家“玩”的两部分，但实际上二者没有明显区别。数学的两个方面都发挥着科学作用，那么，如果通常在现实世界“概念”发挥作用的所谓“纯粹数学”部分，经常在处理“物理”环境时成为有效的工具也就不足为奇了。数学及其概念可以追溯至同一源头，在这里由于文化压力的作用，抽象正刚刚萌芽，后来才发展出数学概念。

尽管如此，人们的普遍印象仍是“应用数学”为生活的紧急事务提供了实用功能，而“纯粹数学”是一种“象牙塔式”的努力，只有美学功能。毫无疑问，纯粹数学或任何其他类型的数学确实给其爱好者一种审美上的满足感。事实上，这也可能是大多数人追求它的唯一原因。但这并不意味着这是它发挥的唯一功能，从数学的文化本质来看，它确实有另一个功能，即“科学”功能。

同样对这点很感兴趣的达布罗，著有一部很受欢迎的两卷本著作《新物理学的崛起》，他曾发表过如下观点：“纯粹数学和应用数学的区分并不令人满意。首先，这不是可以永久分开的两部分。就像经典力学，当伽利略和牛顿建立起经典力学的基础理论时，它们被认为是对世界物理特性的反映，因此经典力学被认为是应用数学的一个分支。但是今天，鉴于相对论的结果，我们知道经典的假设并不符合物理现实。因此，严格地说，我们应该改变以往的立场，把经典力学看作是一种与纯粹数学有关的抽象理论。”①

简而言之，今天被认为是“应用”数学，通过对习惯性过程的奇怪逆转，明天可能就会变成“纯粹”数学。而且在任何时刻，“纯粹”数学和“应用”数学的含义都没有明显的区别。即使在数学“最纯粹的”部分也可能突然发现“应用”。利用集合拓扑论的方法，可以解决电力工业中一个工程师也无法解决的重要问题。矩阵理论、拓扑学和集合论已经应用于生产和分配问题；现代代数的抽象概念可应用于电子学；数理逻辑可应用于自动机和计算机理论，等等。

希腊时代的数学，一方面被认为是用来试图描述在环境中所发现的数与几何形式，另一方面是描述“存在并超越现实世界概念的理念世界”。随着 19 世纪代数学家的进一步抽象和非欧几何的引入，数学的这种二重性被改变了。虽然可以认为数学提供了概念框架，在不同程度上适应自然和文化现象，但这些概念不再是在其被发现前后都存在且独立于思想领域的体现，不断建构的概念世界在创造它们的数学家头脑中构想出来前是不存在的。这个概念世界的轨

① D'Abro, A. The Rise of the New Physics: Its Mathematical and Physical Theories [M]. Vol. I, 2nd ed., New York: Dover, 1951: 119-120. 从我们的观点来看，古典力学和相对论都是概念体系，它们的轨迹同样位于文化的科学组成部分。达布罗所陈述的是，经典力学的科学地位已经改变，它以前的地位被更新的相对论所取代。在图 6.1 中，它移至阴影更深的区域。

迹现在可以精确定位为文化本身。① 数学概念最初来自于存在的现实世界,并将它们作为处理现实问题的一种方式,只是现在,这个"现实"不仅涵盖物理环境,还包含概念的文化环境。概念就像枪和黄油一样真实,只要问问那个怀疑的人,没有它们还怎么打仗!应用数学家和纯粹数学家的主要区别是,他们处理的是现实的不同侧面。

这就引出了数学中"自由"的问题。随着 19 世纪的发展,数学世界开始感到数学不再受现实世界的制约,可以创造出不被经验世界或理念世界束缚的概念。这让人想起一位数学家,此人厌恶将科学概念实践落后于现实世界的做法。他惊叹道:"'我的'工作从来没有被付诸实践的危险。"他表达了数学世界在过去的一个世纪里所感受到的那种"自由"。可能他不太了解现代数学的本质,否则就不会对自己的兴奋如此自信。没人能逃离所处的环境,尤其是数学家根本无法逃离文化环境。尽管他可能认为数学不是一门科学,而是一门"艺术",甚至其动机就是艺术的,但他的任何数学创造都只能受制于他所在的数学环境。简而言之,他的自由受到其所处文化中现有数学状态的限制。作为一名数学家的成功,取决于他对所处时代中突出问题的贡献质量。没人能否认,作为一个个体,数学家可以自由沉浸于任何他喜欢的数学幻想,但如果它们对当时数学概念的状态没有重要意义,将不会得到认可(当然,除非他是"超前于时代"而构成一种"奇异性",见第 5 章 5.4.1 小节)。

数学上的自由,就像所有的"自由"一样,都受其所处文化的限制。只要这位"纯粹"数学家从目前重要的数学领域中选择研究内容,就可以确信他的成就是有意义的。同时,仅就其在所处文化中概念数学部分(图 6.1 中的深色区域)的应用案例而言,他也是一位"应用数学家"。此外,他的作品迟早会不可避免地直接或间接"应用"到文化的非数学方面——有时是在最意想不到的地方!

6.2 数学"基础"

在文化的进化过程中,即当一种文化充分进化到一定的成熟度时,其参与

① 可参见:White, L. A. The Science of Culture[M]. New York: 1949: Chapter X,或参见 Wilder, R. L. The Cultural Basis of Mathematics[R]. Proceedings of the International Congress of Mathematicians. 1950: 258-271,或参见 Wilder, R. L. The Origin and Growth of Mathematical Concepts[J]. Bulletin of the American Mathematical Society, 1953, 59: 423-448,或参见 Wilder, R. L. Mathematics: A Cultural Phenomenon[C]// Essays in the Science of Culture[M]. edited by G. E. Dole and R. L. Carneiro, New York: Crowell, 1960: 471-485.

者就需要对其起源进行“解释”的现象非常普遍。诸如民族学中的经典案例,一群人从古代某个族群中迁徙出来,并进化出他们自己的文化。因迁徙年代过于久远,文献记录缺乏,族群关系日渐被遗忘,而随着对自身身份意识的增强,新文化的传承者发现有必要通过能支持其身份起源的故事来巩固这种身份。尽管故事可能是虚构的,但却获得了强化故事意义以及为文化延续提供必要稳定性和安全感的神圣属性。例如,你可以想象梅萨维德印第安人的情况,他们的世界观可能限于其当时所处的环境,以及受制于自然灾害和外族势力的掠夺。这样的群体不可避免地要在印证和强化其文化的哲学中寻求慰藉和保护。这种哲学既包括对文化起源的“解释”,也包括某种宗教仪式的基础,作为免于自然和超自然危险的保障,也是巩固部落文化联系的手段。

6.2.1 数学子文化

在子文化中也可以观察到类似的现象。现代西方文化[①]中的数学子文化也不例外。在这点上,能引出数学与其他科学的有趣对比现象。例如,物理学和化学尽管经历过其发展过程的神秘时期,但它们的影响已经大大削弱。人们普遍认为,这些科学仅限于对自然现象的解释,而且如果测量手段的效率提高,揭示出物理理论并不能真正反映它所解释的自然现象,那就要寻找一种合适的替代理论。现代科学家并不认为这类事件会威胁到科学的安全。

另一方面,数学的情况在传统意义上是完全不同的。神秘主义元素在数学界长期存在,现在柏拉图式理念主义也显然并不罕见。对于这种在一般文化中延续下来的数学理论是种“真理”的信念,在很大程度上与数学子文化共享。现代数学的抽象性强化了这一观点。尽管大多数杰出的数学家都同意现代代数和几何理论学说仅在构成其基本公理逻辑结果的意义上是正确的。例如,任何熟悉现代数学的数学家都不会争论欧氏几何或非欧几何的“真实性”。但对那些依赖于自然数体系以及由此逻辑推导出扩展内容(这在数学中占比很大)而建立的数学领域,有人会争论其结论的绝对性。

并非数学界成员的凝聚力比物理学界更强,而是由数学领域的特殊本质所导致的,任何在数学领域对数学结论的威胁都要比物理学理论崩塌对物理学家的影响更为严重。

6.2.2 矛盾的出现

前面已关注到威胁数学稳定性的两个方面:(1)希腊时期发现不可公度性

---

① “西方文化”包括那些从西方文化中习得的非西方文化部分。

和芝诺悖论;(2)认识到19世纪前实数连续统概念的不完善(第4章)。前者是由欧多克斯的比例理论(基于量)解决的,后者是由魏尔斯特拉斯、戴德金和其他19世纪的分析学家解决的,他们给出了实数连续统一个看似明确的定义。但事实证明,如果不引入“集合论”的新概念,就无法分析实数连续统。

早期对集合论的态度很像关于逻辑学的流行态度。事实上,许多人将其视为逻辑学的一部分。这种态度坚信逻辑学和集合论的可靠性。正如我们所看到的,例如,巴比伦人和埃及人并没有“反证法”的概念,是希腊人将逻辑证明的概念引入数学。人们信奉亚里士多德的矛盾律①和排中律②,如果前提是绝对可靠的,那么使用这些“定律”得出的数学结论就是绝对可靠的。

同样地,19世纪的数学家将集合论引入数学,就像逻辑学一样,它也来源于对物理和文化环境有限集合的经验。将古典逻辑和集合论扩展到无限领域可能存在难度,这一点直到1900年前后出现许多矛盾,才被普遍意识到。其中最著名的一个矛盾是由罗素给出的,描述如下:我们称一个不以自身为元素的集合为“普通”集。我们日常经验的所有集合都是普通集,例如,篮球队所有队员的集合本身不能是一名队员,图书馆中所有书的集合也不能是一本书。(需要一些技巧上的创新才能找到非普通集,常见的建议是所有抽象理念组成的集合,其本身当然就是一个抽象理念,也因此是集合自身中的一种元素。)

当考虑所有普通集的集合 S 时,麻烦就来了。依照排中律,集合 S 要么是普通集,要么是非普通集。然而,如果 S 是普通集,那么根据定义 S 不是它自身的一个元素。但只有在 S 是非普通集时才会这样,因为所有的普通集都是 S 的元素。另一方面,如果 S 是非普通集,那么 S 本身就是它的一个元素,但是 S 的元素都是普通集,所以 S 一定是非普通集。总之,如果 S 是普通集,那么它就是非普通集;如果 S 是非普通集,那么它就是普通集!

因此,在19世纪分析学“安全”建立其基础所产生的自我满足之后,数学的安全再次受到了威胁,因为再次出现了类似于希腊时代的“危机”。为应对这场危机,似乎需要建立整个数学学科新的基础,而不仅仅是实数连续统的修正表达。数学的所有领域都或多或少依赖逻辑和集合理论。20世纪早期一些最有能力的数学家开始着手纠正问题。其中最著名的是英国数学家和哲学家罗素与怀特海,他们的工作发表在不朽的著作《数学原理》中,以及德国著名的数学家希尔伯特和荷兰数学家布劳威尔。

整个19世纪,对数学真实本质“解释”的渴望提供了一种遗传压力,不仅导致几何学等特定领域,而且还使整个数学产生了许多新的基础。后者体现为

---

① 粗略地说,一个有意义的命题不能既真又假。

② 如果 S 是一个有意义的命题,那么 S 要么为真,要么为假。

弗雷格和皮亚诺作品的特殊重要性。德国数学家弗雷格坚持认为数和所有数学都可以以逻辑学(有时称为“逻辑论点”)为基础。意大利数学家皮亚诺和他的学生改进和利用公理化方法,奠定了数学的基础,并引入了符号化,使陈述比普通论述的语言(例如欧氏几何中使用的语言)更精确。罗素和怀特海的作品很大程度上受到弗雷格和皮亚诺作品的影响。《数学原理》试图从不证自明的普遍逻辑真理(“重言式”)中推导出全部数学。但回顾过去,随着研究进入数学抽象的高阶领域,显然有必要引入一些很难被认为是构成“不言而喻的逻辑真理”的公理。由此也就找到了避免矛盾的方法。

希尔伯特的方法更具公理化特征,其中的基本术语和命题,虽然用一种类似于《数学原理》的符号加以修饰,但并未构成一组基本假设,它们既非真也非假,而是“规则”,人们希望通过精心构造“有穷的”方法,从这些规则出发,推出数学整体无矛盾。这类被称为“形式主义”的作品最终出现在希尔伯特与其著名学生贝尔奈斯合作的两卷本《数学基础》中。

19 世纪的数学家利奥波德·克罗内克提出了截然不同的学说,堪称是一种“文化奇异性”(参看 5.4.1 小节)。他对数学本质的“解释”是认为数学基于自然数结构,而自然数又是人类“直觉”的产物。与那些遵循数学进化过程的同时代研究者不同,克罗内克在数学发展的道路上,没有受制于困扰前人的负数或无理数的“现实”问题,他避免使用所有无法由自然数构造的数字(如分数 $\frac{2}{3}$)。几乎没有人同意他的观点,他曾断言像 π 这样显然无法由自然数构造的数字根本不“存在”。

在世纪之交的危机之后,年轻有为的荷兰数学家布劳威尔重申(以修改的形式)克罗内克的论点,并在一系列论文中阐述了后来被称为直觉主义的数学哲学。希腊人引入数学的逻辑被抛弃了,留下的是可以通过直觉主义建构方法解释的内容。特别是不允许在无限集中使用“反证法”中十分重要的排中律。例如,对任意“有限”自然数集,可以断言其中至少有一个数是偶数,或者没有一个数是偶数。存在一种简单建构方法可以验证有限集的排中律,即逐个检验每一个数!但对于任意“无限”自然数集则不能做出同样的断言,当然,可以接受以某种方式表示该集合中偶数的构造方法。

直觉主义哲学最大的优点是由构造方法所保障其不受矛盾的限制。但它的致命弱点是不能用其仅有的建构方法推导出现代数学概念的大部分内容,这些概念被认为是现代数学最伟大的成就。从今天的观点来看,直觉主义可以被看作是一种阻止数学进化发展的尝试,即一种文化抵制。显然,由于对数学“解释”的渴望和防止矛盾威胁的需求所形成的(遗传)压力正在迫使数学界有所作为,但不是直觉主义所要求的那种极端作为。后者就如同一个原始部落企图杀死大部分成员,以避免其被构成威胁的敌人消灭一样。

尽管如此,直觉主义还是产生了巨大而有益的影响。许多杰出的数学家都采用了它的部分或全部信条,例如庞加莱和外尔。但更重要的是,可以发现它的建构性学说适用于传统数学理论框架内的许多情况。

6.2.3 数理逻辑与集合论

数学基础研究及其后的巨大拓展,进化出了对逻辑和集合论的探索分析——数学"方法"中最"理所当然"的两部分特征。如我们所料,只有面对相当困难的情况下,人们才会厘清这一时期复杂作用的进化动力。一方面,发现矛盾所引发的危机,加剧了对"解释"数学本质的渴望,而这种渴望引起的遗传压力导致的研究结果,表现为以逻辑主义、形式主义和直觉主义为代表的三个"思想学派"。另一方面,这类研究在数学界受到了巨大的文化抵制,许多数学家都持轻蔑或鄙视的态度而不参与其中。文化滞后也很明显,很多人,也许是大多数人对这种情况不感兴趣(这也许是旧观念的延续,认为最重要的是"做"数学,而不是担心结果)。

然而,最有趣的是逻辑主义和形式主义使用"符号化"的方式。莱布尼茨和牛顿的微积分以及18、19世纪各种代数印证了表意符号更强烈的使用趋势,这种趋势在逻辑主义和形式主义学说中都达到了顶峰,后来又融入现代数理逻辑中。随着时间的推移和后见之明,人们日渐清晰地认识到,逻辑主义和形式主义体系本质上都是试图将数学建立在精心挑选的,以纯粹表意符号表示的公理集合的基础上,并为由此推导("证明")新公式("定理")的方法指明方向。如果用人类的符号化能力区分人与其他动物,那么毫无疑问,这是最具人类特色的活动!

然而,1931年,年轻的奥地利数学家哥德尔证明了不可能实现数学的完备性描述,也不可能在数学自己的框架内证明其一致性,这打破了罗素、怀特海和希尔伯特对那些研究取得成功的希望。早些时候,斯堪的纳维亚的逻辑学家斯科伦[①]发起了这项研究,最终得出的结论是集合理论永远无法实现其完备性基础。此外很快显现出,用现代数理逻辑中发展起来的有力方法分析逻辑或集合理论,都不能称为是一种独特的理论;相反,它可能发展出各种各样的逻辑学和集合论。因此,概括和多样化动力侵入了人类思想中最绝对的研究领域。尽管自然数这个最古老和最不可侵犯的数学实体仍无法进行明确定义。

可以认为这是直觉主义的阶段性胜利,他们关于自然数是数学基础的学说

① 译者注:斯科伦(Thoralf Skolem,1887—1963)是挪威数学家、逻辑学家,主要从事数理逻辑和集合论研究。

现在似乎得到了支持。曾经拒绝参与尝试给出现代数学一致性和完备性基础的数学家们,现在觉得接受他所继承的经典逻辑方法以及常规研究所必需的集合论基础部分是合理的。而在这个过程中,他不得不承认接受了所处文化带来的直觉基础。因为他所使用的逻辑和集合理论,就像数系、几何图形和其他理论一样,都是文化进化的产物。

因此,从数学的角度来看,它作为一门科学的地位与其他科学并无不同。数学与其他科学(自然科学和社会科学)的主要区别在于,后者在其研究范围内直接受到物理或社会现象的限制,而数学只是间接地受到这些限制。正如我们所看到的,数学几乎从一开始便已日渐自给自足。现代数学家研究的问题主要来源于数学中已经存在的理论,以及姊妹科学的理论,它们最终都归根于文化起源。数学最有力的符号工具及其抽象和概括能力,击败了执着于"解释"数学是什么,以及提供稳固"基础"和绝对严格方法的那些数学家,这不亚于其他科学没能实现对其所研究的现象进行最终和准确的解释。一旦某些方法导致矛盾,就必须修正它,就像物理科学家必须经常修正一样。无法期待数学中完美的严谨性和脱离矛盾的绝对自由,正如对自然或社会现象的最终和准确解释一样。由于数学的文化本质,人们意识到数学永远不会停止进化,数学的现状变得更加有趣。只要人类文化进化的进程不间断,数学就会像物理、化学、生物和社会科学一样,继续进化出更加抽象、科学有效又奇妙无比的概念。

6.3 数学存在

上述提及的问题涉及了"数学存在"。具体地说,所有这些已经进化过的数、几何、集合论的抽象概念,在什么意义上是存在的呢?这是一个自古希腊以来就一直涉及哲学的争论问题。正如我们所看到的,毕达哥拉斯学派赋予数字("自然数")上位并超越人类干预的绝对地位;柏拉图设想了一个理念的宇宙,其中存在古代已知的所有几何图形的完美模型。目前研究提出的假设是,数学概念的唯一实体是文化元素或人为构造。这一观点的优势在于,它允许人们研究作为文化元素的数学概念是怎样进化的,并提供了一些"这些概念在文化动力作用下,在数学家的思想中产生"的合理解释。此外,神秘主义散布在对数学存在的大部分形式下的理念主义态度中,此时却消失了。对某些概念的"容许性"误解和混淆,以及物理性质中环境压力对数学的影响,都被排除了。例如,一个无限小数不是"无穷无尽"的数。我们可以把它看成一个"完整的"无限全体,正如我们可以把自然数的全体看成一个完整的无限全体一样。这可能被认为是某种"二阶"抽象,因为它不容易被完全感知,而只是一种"概念感知”。

由于数与几何都起源于物理现实世界，所以哲学家和数学家都反复试图通过物理现实来证明数学概念的“真实性”。大量文献讨论了欧氏几何是否“真实”的问题，特别是用欧式直线表示“时间连续统”。从文化的角度来看，这些问题毫无意义。数概念是一个“文化”实体的存在，其起源和进化是由环境和遗传特征的文化压力所引起的。自然数的无限全体这一概念，也并不像人们常说的那样，是可以公开论证其“存在”本质的。仅基于自然数概念的有限数学，在文化发展出这些数字的阶段，就足以达到当时的科学目的。但在微积分、一般实分析等领域，其本身更多是力学、物理学等学科产生的环境压力所作用的结果，最终产生了发展无限数学的遗传压力。物理世界中是否存在无限全体并不重要，重要的是这些概念是否会促使数学有效地发展？答案是肯定的。它们解决了过去三个世纪面临的危机，当然，它们也带来了新的危机，例如集合论中蕴藏的危机，但这些危机反过来又带动人们寻求解决方案。达朗贝尔的建议“勇往直前，信念会向你走来”很精彩，直到数学大厦濒于崩塌，为了扶大厦于将倾，我们需要鼓起勇气进入一个新的概念世界。

6.4 数学概念进化的“定律”

我们应进一步研究第 5.4 节所列的，在数学概念进化过程中起作用的各种动力，特别是它们的表现方式和完整性。例如，它们遵循特殊的原则或“定律”？我们需要分析更多的历史案例，但这将会涉及目前研究中所没有涉及的数学本质的专业细节。[①]

但是，作为结论，下面列出了一些原则。不管是为了证明还是反驳，似乎都值得研究：

1. 在任何给定的时间段，与现有数学文化高度相关、以增强满足自身遗传压力或主体文化环境压力需求的实效性的概念将会得到进化。

2. 一个概念的可接受性和接受程度将取决于其成果的丰富程度。特别是，一个概念不会因为它的起源或者诸如“不真实的”这类形而上学标准而永远被拒绝接受。

3. 一个概念在数学上持续具有重要意义的程度，既取决于它的符号表达模式，也取决于它与其他概念的关系。如果一种符号模式趋向于晦涩难懂，甚

---

① 作者的一个学生对数学逻辑的一部分进行了案例研究，见朱迪思·安·欧曼·刘易斯：“数理逻辑中逻辑论点的进化”，密歇根大学博士论文，1966 年。

至导致这个概念完全被拒绝,假设这个概念有用,那么将会出现一种更容易理解的符号形式。如果一组概念是如此相关,以至于可将它们全部整合成一个更一般的概念,那么整合后的概念将会得到进化。

4. 如果某个确定问题的解决将推动数学理论的进步,那么该理论的概念结构将会以使该问题得到最终解决的方式进化。有可能是在若干研究者彼此独立情况下解决的(但不一定会发表)。(不可解的证明也被认为是问题的解决之道,这方面的例子如化圆为方、三等分角以及类似的内容。)

5. 传播的机会将直接影响新概念的进化速度。这些机会比如可被普遍接受的符号,出版物渠道的增加,以及其他的交流方式。

6. 主体文化的需求,特别是伴随着工具增加给数学子文化提供养分时,将导致新概念手段的进化以满足需求。

7. 僵化的文化环境最终会扼杀新数学概念的发展。不利的政治氛围或普遍的反科学氛围也会产生类似的后果。

8. 当前概念结构暴露的不一致性或不完备性可能产生的危机,将刺激新概念的加速进化。

9. 新概念通常依赖于当时仅凭直觉感知的概念,但这些概念的不完备性终将导致新的危机。同样,一个悬而未决问题的解决也会产生新的问题。

10. 数学进化永远是一个持续进步的过程,它只受到规律 5 至 7 所描述的偶然事件所限制。

6.4.1 讨论

所谓“主体文化”是指把数学作为子文化之一的文化。不幸的是,它不能被唯一定义。历史上的某些时候,它是由国别决定的,就像中国古代数学一样。在现代,除非有政治力量介入,否则主体文化通常会超越国别。

在规律 6 中,回顾美国自第二次世界大战开始以来的数学状况是很有启示意义的。主体文化的经济和政治需求促进了计算机发展,并最终在理论和应用数学方面翻开了崭新一页。其他新的数学结构也直接归因于战争需要。后来,政府通过国防机构和国家科学基金会的资助来促进数学研究政策,导致了新数学概念的加速发展,并增加了最终成为数学家的学生人数。

规律 1 是不证自明的,新概念总是以某种方式与现有的数学概念相关,它们的发明,是由解决现有数学文化(遗传压力)或主体文化(环境压力)提出的紧迫问题的需求所激发的。但是,如果一个可能拥有创造现代代数概念的超凡脑力之人碰巧是古希腊公民,那他一定永远也不可能做到这点。

规律 2 有个很好的例证,即数学最后接受负数以及“虚数”(例如$\sqrt{-1}$)。只要这类数不是不可或缺的,那它们就会被数学拒之门外,理由为它们是“不真实的"或"虚构的"。反之则结果相反。

规律3的一个很好的例证是实数位值制表示体系的进化。巴比伦数码被其他更简单的符号所取代,但巴比伦的位值制体系扩展到了分数,最后被保留下来,形成了我们自己数系的起源。此外,当发现可以用概念的方式用无限小数来表示任意实数时,就可以保证该体系将永远被使用。熟悉近半个世纪数学进化的专业数学家,只要立足于更高的数学角度就不难回忆起与符号工具的简化,以及相关概念在更广泛概念框架下整合的实例。

规律4最著名的例子是关于欧氏几何中平行公理的经典问题。这一解决方案通常被认为是高斯、罗巴切夫斯基和波尔约在19世纪前三分之一时期独立工作的结果,正如对这一时期的任何记载所显示的那样。[①] 现代的例子更是比比皆是。

似乎没有必要详细说明第5和第7条规律,正如人们所预料的那样,中国古代数学就像主体文化本身一样,变得僵化了;希腊人数学创造力的下降与时代的普遍文化同时衰退也是另一个明证。

关于第8条规律,人们首先可以想到希腊数学的危机,这种危机是由于发现不可公度量和芝诺悖论而造成的,随后带来希腊几何学的迅猛发展。有关分析学基础的危机,最终引出了第4章所述的"实数系"的概念。后者也很好地说明了第9条规律,因为它将"集合"的概念引入数学,而这又在世纪之交引起了一场危机,当时人们发现,由于不加控制地使用集合这一概念而产生了矛盾,因此必须对其进行分析。

只有对数学史进行更全面的论述,才能充分支持第10条规律的主张。毫无疑问,富有创造力的专业数学家们,通常会根据自己的经验来达成共识。实际上,它是第8和第9条规律的必然结果。

6.4.2 结论

随着数学概念变得越来越抽象,数学的力量和应用性也随之不断增强,似乎有必要为该领域的创造者建立一个章程:

数学概念的"内在"属性和本质不受限制,除了其重要科学价值可能强加的限制。而关于科学价值的判断是"事后"进行的。特别地,一个数学概念不会因为诸如"非现实"等模糊的标准,或因其发明方式而遭到拒绝。

① 参见:Bell, E. T. The Development of mathematics[M]. New York: McGraw-Hill, 1945: 325-326.

参考文献

[1] Archibald, R. C. (1949), 'Outline of the History of Mathematics', American Mathematical Monthly, vol. 56, Supplement; 6th ed. revised and enlarged.

[2] Barnes, H. E. (1965), An Intellectual and Cultural History of the Western World, 3rd ed. revised, New York, Dover.

[3] Bell, E. T. (1931), The Queen of the Sciences, Baltimore. Williams and Wilkins; London, G. Bell &. Sons,

[4] Bell, E. T. (1933), Numerology, Baltimore, Williams and Wilkins.

[5] Bell, E. T. (1937), Men of Mathematics, New York, Simon and Schuster (reprinted by Dover); Harmondsworth, Penguin Books.

[6] Bell, E. T. (1945), The Development of mathematics, 2nd ed., New York, McGraw-Hill.

[7] Bourbaki, N. (1960), Elements d' Histoire des Mathematiques, Paris, Hermann.

[8] Boyer, C. B. (1944), 'Fundamental Steps in the Development of Numeration', Isis, vol. 35, pp. 153-168.

[9] Boyer, C. B. (1949), The History of the Calculus and Its Conceptual Development, New York, Dover.

[10] Boyer, C. B. (1959), 'Mathematical Inutility and the Advance of Science', Science, vol. 130, pp. 22-25.

[11] Boyer, C. B. (1968), A History of Mathematics, New York, John Wiley & Sons.

[12] Bredvold, Louis I. (1951), 'The Invention of the Ethical Calculus', in The Seventeenth Century: Studies in the History of English Thought and Literature from Bacon to Pope, edited by R. F. Jones et al., Stanford, Calif., Stanford University Press.

[13] Bridgman, P. W. (1927), The Logic of Modern Physics, New York, Macmillan.

[14] Chiera, E. (1938), They Wrote on Clay, Chicago, University of Chicago Press, Phoenix Books.

[15] Childe, V. G. (1946), What Happened in History?, New York, Penguin Books, Pelican Book P6.

[16] Childe, V. G. (1948), Man Makes Himself, London, Watts & Co., The Thinkers Library No. 87.

[17] Childe, V. G. (1951), Social Evolution, New York, Henry Schuman.

[18] Conant, L. L. (1896), The Number Concept, New York, Macmillan.

[19] Coolidge, J. L. (1963), A History of Geometrical Methods, New York, Dover.

[20] Courant, R., and H. Robbins(1941), What is Mathematics?, NewYork, Oxford University Press.

[21] D'Abro, A. (1951), The Rise of the New Physics, 2nd ed., New York, Dover.

[22] Dantzig, T. (1954), Number, the Language of Science, 4th ed., New York, Macmillan.

[23] Dedron, P. and Itard, J. (1974), Mathematics and Mathematicians, London, Transworld Publishers(tr. from French).

[24] Dubisch, R. (1952), The Nature of Number, New York, Ronald Press.

[25] Eves, H. (1953), An Introduction to the History of Mathematics, New York, Rinehart and Co.

[26] Firestone, F. A. (1939), Vibration and Sound, 2nd ed.

[27] Frege, G. (1884), Die Grundlagen der Arithmetik, Breslau Wilhelm Koelner.

[28] Frege, G. (1950), The Foundations of Arithmetic, Oxford, Basil Blackwell.

[29] Freudenthal, H. (1946), 5000 Years of International Science, Groningen, Noordhoff.

[30] Gandz, S. (1948), 'Studies in Babylonian Mathematics', Osiris, vol. 8, pp. 12-40.

[31] Hadamard, J. (1949), The Psychology of Invention in the Mathematical Field, Princeton, N. J., Princeton University Press.

[32] Hardy, G. H. (1941), A Mathematician's Apology, Cambridge, England, The University Press.

[33] Heath, T. L. (1921), A History of Greek Mathematics, 2 vols., Oxford, England, Oxford University Press.

[34] Heath, T. L. (1926), The Thirteen Books of Euclid's Elements, 3 vols., 2nd rev. ed., Cambridge, England, Cambridge University Press.

[35] Hopper, V. F. (1938), Medieval Number Symbolism, New York, Columbia University Press.

[36] Huxley, J. (1957), Knowledge, Morality and Destiny, New York, New American Library of World Literature, Mentor Book.

[37] Karpinski, L. C. (1925), The History of Arithmetic, New York, Rand McNally.

[38] Kasner, E., and J. R. Newman(1940), Mathematics and the Imagination, New York, Simon and Schuster; London, G. Bell & Sons.

[39] Klein, F. (1892), 'A Comparative Review of Recent Researchesin Geometry', Bulletin of the New York Mathematical Society, vol. 2(1892—1893), pp. 215-419; translated by M. W. Haskell.

[40] Klein, F. (1932), Elementary Mathematics from an Advanced Standpoint, translated by E. R. Hedrick and C. A. Noble, Part I, New York, Macmillan.

[41] Klein, F. (1939), Elementary Mathematics from an Advanced Standpoint, Part II, Geometry, 3rd ed., New York, Macmillan.

[42] Kline, M. (1953), Mathematics in Western Culture, NewYork, Oxford University Press; Harmondsworth, Penguin Books.

[43] Kroeber, A. L. (1948), Anthropology, rev. ed., New York, Harcourt, Brace & World.

[44] Kroeber, A. L. and C. Kluckhohn (1952), Culture, A Critical Review of Concepts and Definitions, Papers of the Peabody Museum of American Archaeology and Ethnology, Harvard University, vol. 47, No. 1.

[45] Kuhn, T. S. (1962), The Structure of Scientific Revolutions, Chicago, University of Chicago Press.

[46] Malinowski, B. (1945), The Dynamics of Culture Change, New Haven, Conn., Yale University Press.

[47] Menninger, K. (1957), Zahlwort und Ziffer, vol. 1, Gottingen, Vandenhaeck and Ruprecht.

[48] Merton, Robert K. (1957), 'Priorities in Scientific Discovery: A Chapter in the Sociology of Science', American Sociological Review, vol. 22, pp. 635-659.

[49] Merton, Pobert K. (1961), 'Singletons and Multiples in Scientific Discovery: A Chapter in the Sociology of Science', Proceedings of the American Philosophical Society, vol. 105, pp. 470-486.

[50] Moritz, R. E. (1914), On Mathematics and Mathematicians, New York, Dover.

[51] Nagel, E., and J. R. Newman(1958), Gödel's Proof, New York, New York University Press.

[52] National Council of Teachers of Mathematics(1957), Insights into Modem Mathematics, Twenty-third Yearbook, Washington, D. C.

[53] Neugebauer, O. (1957), The Exact Sciences in Antiquity, 2nd ed., Providence, R. I., Brown University Press; also New York, Dover.

[54] Neugebauer, O. (1960), 'History of Mathematics, Ancient and Medieval', Chicago, Ill., Encyclopaedia Britannica, vol. 15, pp. 83-86.

[55] Poincaré, H. (1946), The Foundations of Science, translated by G. B. Halstead, Lancaster, Pa., Science Press.

[56] Price, Derek J. deS. (1961), Science since Babylon, New Haven and London, Yale University Press.

[57] Rosenthal, A. (1951), 'The History of Calculus', American Mathematical Monthly, vol. 58, pp. 75-86.

[58] Russell. B. (1937), The Principles of Mathematics, 2nd ed., New York, W. W. Norton, London, Allen & Unwin.

[59] Sahlins, M. D., and E. R, Service, editors(1960), Evolution and Culture, Ann Arbor, Mich., University of Michigan Press.

[60] Sanchez, G. I. (1961), Arithmetic in Maya, Austin, Texas, published by author (2201 Scenic Drive).

[61] Sarton, G. (1935), 'The First Explanation of Decimal Fractions and Measures (1585), Together with a History of the Decimal Idea and a Facsimile(No. xvii) of Stevin's Disme', Isis, vol. 23, pp. 153-244.

[62] Sarton, G. (1952), 'Science and Morality', in Moral Principles of Action, edited by Ruth N. Anshen, New York, Harper & Row, p. 444.

[63] Sarton, G. (1959), A History of Sciences. 2 vols., Cambridge, Mass., Harvard University Press.

[64] Seidenberg, A. (1960), 'The Diffusion of Counting Practices', University of California Publications in Mathematics, vol. 3, No. 4, pp. 215-300.

[65] Smeltzer, D. (1953), Man and Number, London, Adam and Chas, Black.

[66] Smith, D. E. (1923), History of Mathematics, 2 vols., Boston, Houghton-Mifflin; also New York, Dover.

[67] Struik, D. J. (1948a), A Concise History of Mathematics, 2 vols., New

York, Dover.

[68] Struik, D. J. (1948b), 'On the Sociology of Mathematics', in Mathematics, Our Great Heritage, edited by W. L. Schaaf, New York, Harper, pp. 82-96.

[69] Szabo, A. (1960), 'Anfang des Euklidischen Axiomsystems', Archive for History of Exact Sciences, vol. 1, pp. 37-106.

[70] Szabo, A. (1964), 'The Transformation of Mathematics into Deductive Science and the Beginnings of its Foundation on Definitions and Axioms', Scripta Mathematica, vol. 27, pp. 27-48A, 113-139.

[71] Thureau-Dangin, F. (1939), 'Sketch of a History of the Sexagesimal System', Osiris, vol. 7, pp. 95-141.

[72] Tingley, E. M. (1934), 'Calculate by Eights, Not by Tens', School Science and Mathematics, vol. 34, pp. 395-399.

[73] Tylor, E. B. (1958), Primitive Culture, 2 vols., New York, Harper Torchbooks 33, 34.

[74] Van der Waerden, B. L. (1961), Science Awakening, translated by Arnold Dresden, New York, Oxford University Press.

[75] Waismann, F. (1951), Introduction to Mathematical Thinking, translated by T. J. Benac, New York, Frederick Ungar.

[76] Weyl, H. (1949), Philosophy of Mathematics and Natural Science, Princeton, N. J., Princeton University Press.

[77] White, L. A. (1949), The Science of Culture, New York, Farrar, Straus; also published in paperback edition by Grove Press, as Evergreen Book E-105.

[78] White, L. A. (1959), The Evolution of Culture, New York, McGraw-Hill.

[79] Wilder, R. L. (1950), 'The Cultural Basis of Mathematics', Proceedings of the International Congress of Mathematicians, pp. 258-271.

[80] Wilder, R. L. (1953), 'The Origin and Growth of Mathematical Concepts', Bulletin of the American Mathematical Society, vol. 59, pp. 423-448.

[81] Wilder, R. L. (1960), 'Mathematics: A Cultural Phenomenon', in Essays in the Science of Culture, edited by G. E. Dole and R. L. Carneiro, New York, T. Y. Crowell, pp. 471-485.

[82] Wilder, R. L. (1965), Introduction to the Foundations of Mathematics, 2nd ed., New York, John Wiley and Sons.

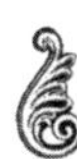

刘培杰数学工作室

已出版(即将出版)图书目录——初等数学

书　　名	出版时间	定　价	编号
新编中学数学解题方法全书(高中版)上卷(第2版)	2018－08	58.00	951
新编中学数学解题方法全书(高中版)中卷(第2版)	2018－08	68.00	952
新编中学数学解题方法全书(高中版)下卷(一)(第2版)	2018－08	58.00	953
新编中学数学解题方法全书(高中版)下卷(二)(第2版)	2018－08	58.00	954
新编中学数学解题方法全书(高中版)下卷(三)(第2版)	2018－08	68.00	955
新编中学数学解题方法全书(初中版)上卷	2008－01	28.00	29
新编中学数学解题方法全书(初中版)中卷	2010－07	38.00	75
新编中学数学解题方法全书(高考复习卷)	2010－01	48.00	67
新编中学数学解题方法全书(高考真题卷)	2010－01	38.00	62
新编中学数学解题方法全书(高考精华卷)	2011－03	68.00	118
新编平面解析几何解题方法全书(专题讲座卷)	2010－01	18.00	61
新编中学数学解题方法全书(自主招生卷)	2013－08	88.00	261
数学奥林匹克与数学文化(第一辑)	2006－05	48.00	4
数学奥林匹克与数学文化(第二辑)(竞赛卷)	2008－01	48.00	19
数学奥林匹克与数学文化(第二辑)(文化卷)	2008－07	58.00	36′
数学奥林匹克与数学文化(第三辑)(竞赛卷)	2010－01	48.00	59
数学奥林匹克与数学文化(第四辑)(竞赛卷)	2011－08	58.00	87
数学奥林匹克与数学文化(第五辑)	2015－06	98.00	370
世界著名平面几何经典著作钩沉——几何作图专题卷(共3卷)	2022－01	198.00	1460
世界著名平面几何经典著作钩沉(民国平面几何老课本)	2011－03	38.00	113
世界著名平面几何经典著作钩沉(建国初期平面三角老课本)	2015－08	38.00	507
世界著名解析几何经典著作钩沉——平面解析几何卷	2014－01	38.00	264
世界著名数论经典著作钩沉(算术卷)	2012－01	28.00	125
世界著名数学经典著作钩沉——立体几何卷	2011－02	28.00	88
世界著名三角学经典著作钩沉(平面三角卷Ⅰ)	2010－06	28.00	69
世界著名三角学经典著作钩沉(平面三角卷Ⅱ)	2011－01	38.00	78
世界著名初等数论经典著作钩沉(理论和实用算术卷)	2011－07	38.00	126
世界著名几何经典著作钩沉(解析几何卷)	2022－10	68.00	1564
发展你的空间想象力(第3版)	2021－01	98.00	1464
空间想象力进阶	2019－05	68.00	1062
走向国际数学奥林匹克的平面几何试题诠释.第1卷	2019－07	88.00	1043
走向国际数学奥林匹克的平面几何试题诠释.第2卷	2019－09	78.00	1044
走向国际数学奥林匹克的平面几何试题诠释.第3卷	2019－03	78.00	1045
走向国际数学奥林匹克的平面几何试题诠释.第4卷	2019－09	98.00	1046
平面几何证明方法全书	2007－08	35.00	1
平面几何证明方法全书习题解答(第2版)	2006－12	18.00	10
平面几何天天练上卷·基础篇(直线型)	2013－01	58.00	208
平面几何天天练中卷·基础篇(涉及圆)	2013－01	28.00	234
平面几何天天练下卷·提高篇	2013－01	58.00	237
平面几何专题研究	2013－07	98.00	258
平面几何解题之道.第1卷	2022－05	38.00	1494
几何学习题集	2020－10	48.00	1217
通过解题学习代数几何	2021－04	88.00	1301
圆锥曲线的奥秘	2022－06	88.00	1541

刘培杰数学工作室
已出版(即将出版)图书目录——初等数学

书　名	出版时间	定　价	编号
最新世界各国数学奥林匹克中的平面几何试题	2007－09	38.00	14
数学竞赛平面几何典型题及新颖解	2010－07	48.00	74
初等数学复习及研究(平面几何)	2008－09	68.00	38
初等数学复习及研究(立体几何)	2010－06	38.00	71
初等数学复习及研究(平面几何)习题解答	2009－01	58.00	42
几何学教程(平面几何卷)	2011－03	68.00	90
几何学教程(立体几何卷)	2011－07	68.00	130
几何变换与几何证题	2010－06	88.00	70
计算方法与几何证题	2011－06	28.00	129
立体几何技巧与方法(第2版)	2022－10	168.00	1572
几何瑰宝——平面几何500名题暨1500条定理(上、下)	2021－07	168.00	1358
三角形的解法与应用	2012－07	18.00	183
近代的三角形几何学	2012－07	48.00	184
一般折线几何学	2015－08	48.00	503
三角形的五心	2009－06	28.00	51
三角形的六心及其应用	2015－10	68.00	542
三角形趣谈	2012－08	28.00	212
解三角形	2014－01	28.00	265
探秘三角形:一次数学旅行	2021－10	68.00	1387
三角学专门教程	2014－09	28.00	387
图天下几何新题试卷.初中(第2版)	2017－11	58.00	855
圆锥曲线习题集(上册)	2013－06	68.00	255
圆锥曲线习题集(中册)	2015－01	78.00	434
圆锥曲线习题集(下册·第1卷)	2016－10	78.00	683
圆锥曲线习题集(下册·第2卷)	2018－01	98.00	853
圆锥曲线习题集(下册·第3卷)	2019－10	128.00	1113
圆锥曲线的思想方法	2021－08	48.00	1379
圆锥曲线的八个主要问题	2021－10	48.00	1415
论九点圆	2015－05	88.00	645
近代欧氏几何学	2012－03	48.00	162
罗巴切夫斯基几何学及几何基础概要	2012－07	28.00	188
罗巴切夫斯基几何学初步	2015－06	28.00	474
用三角、解析几何、复数、向量计算解数学竞赛几何题	2015－03	48.00	455
用解析法研究圆锥曲线的几何理论	2022－05	48.00	1495
美国中学几何教程	2015－04	88.00	458
三线坐标与三角形特征点	2015－04	98.00	460
坐标几何学基础.第1卷,笛卡儿坐标	2021－08	48.00	1398
坐标几何学基础.第2卷,三线坐标	2021－09	28.00	1399
平面解析几何方法与研究(第1卷)	2015－05	18.00	471
平面解析几何方法与研究(第2卷)	2015－06	18.00	472
平面解析几何方法与研究(第3卷)	2015－07	18.00	473
解析几何研究	2015－01	38.00	425
解析几何学教程.上	2016－01	38.00	574
解析几何学教程.下	2016－01	38.00	575
几何学基础	2016－01	58.00	581
初等几何研究	2015－02	58.00	444
十九和二十世纪欧氏几何学中的片段	2017－01	58.00	696
平面几何中考.高考.奥数一本通	2017－07	28.00	820
几何学简史	2017－08	28.00	833
四面体	2018－01	48.00	880
平面几何证明方法思路	2018－12	68.00	913
折纸中的几何练习	2022－09	48.00	1559
中学新几何学(英文)	2022－10	98.00	1562
线性代数与几何	2023－04	68.00	1633

刘培杰数学工作室

已出版(即将出版)图书目录——初等数学

书　　名	出版时间	定　价	编号
平面几何图形特性新析.上篇	2019－01	68.00	911
平面几何图形特性新析.下篇	2018－06	88.00	912
平面几何范例多解探究.上篇	2018－04	48.00	910
平面几何范例多解探究.下篇	2018－12	68.00	914
从分析解题过程学解题:竞赛中的几何问题研究	2018－07	68.00	946
从分析解题过程学解题:竞赛中的向量几何与不等式研究(全 2 册)	2019－06	138.00	1090
从分析解题过程学解题:竞赛中的不等式问题	2021－01	48.00	1249
二维、三维欧氏几何的对偶原理	2018－12	38.00	990
星形大观及闭折线论	2019－03	68.00	1020
立体几何的问题和方法	2019－11	58.00	1127
三角代换论	2021－05	58.00	1313
俄罗斯平面几何问题集	2009－08	88.00	55
俄罗斯立体几何问题集	2014－03	58.00	283
俄罗斯几何大师——沙雷金论数学及其他	2014－01	48.00	271
来自俄罗斯的 5000 道几何习题及解答	2011－03	58.00	89
俄罗斯初等数学问题集	2012－05	38.00	177
俄罗斯函数问题集	2011－03	38.00	103
俄罗斯组合分析问题集	2011－01	48.00	79
俄罗斯初等数学万题选——三角卷	2012－11	38.00	222
俄罗斯初等数学万题选——代数卷	2013－08	68.00	225
俄罗斯初等数学万题选——几何卷	2014－01	68.00	226
俄罗斯《量子》杂志数学征解问题 100 题选	2018－08	48.00	969
俄罗斯《量子》杂志数学征解问题又 100 题选	2018－08	48.00	970
俄罗斯《量子》杂志数学征解问题	2020－05	48.00	1138
463 个俄罗斯几何老问题	2012－01	28.00	152
《量子》数学短文精粹	2018－09	38.00	972
用三角、解析几何等计算解来自俄罗斯的几何题	2019－11	88.00	1119
基谢廖夫平面几何	2022－01	48.00	1461
基谢廖夫立体几何	2023－04	48.00	1599
数学:代数、数学分析和几何(10－11 年级)	2021－01	48.00	1250
立体几何.10—11 年级	2022－01	58.00	1472
直观几何学:5—6 年级	2022－04	58.00	1508
平面几何:9—11 年级	2022－10	48.00	1571
谈谈素数	2011－03	18.00	91
平方和	2011－03	18.00	92
整数论	2011－05	38.00	120
从整数谈起	2015－10	28.00	538
数与多项式	2016－01	38.00	558
谈谈不定方程	2011－05	28.00	119
质数漫谈	2022－07	68.00	1529
解析不等式新论	2009－06	68.00	48
建立不等式的方法	2011－03	98.00	104
数学奥林匹克不等式研究(第 2 版)	2020－07	68.00	1181
不等式研究(第二辑)	2012－02	68.00	153
不等式的秘密(第一卷)(第 2 版)	2014－02	38.00	286
不等式的秘密(第二卷)	2014－01	38.00	268
初等不等式的证明方法	2010－06	38.00	123
初等不等式的证明方法(第二版)	2014－11	38.00	407
不等式・理论・方法(基础卷)	2015－07	38.00	496
不等式・理论・方法(经典不等式卷)	2015－07	38.00	497
不等式・理论・方法(特殊类型不等式卷)	2015－07	48.00	498
不等式探究	2016－03	38.00	582
不等式探秘	2017－01	88.00	689
四面体不等式	2017－01	68.00	715
数学奥林匹克中常见重要不等式	2017－09	38.00	845

刘培杰数学工作室

已出版(即将出版)图书目录——初等数学

书　　名	出版时间	定　价	编号
三正弦不等式	2018－09	98.00	974
函数方程与不等式:解法与稳定性结果	2019－04	68.00	1058
数学不等式.第1卷,对称多项式不等式	2022－05	78.00	1455
数学不等式.第2卷,对称有理不等式与对称无理不等式	2022－05	88.00	1456
数学不等式.第3卷,循环不等式与非循环不等式	2022－05	88.00	1457
数学不等式.第4卷,Jensen不等式的扩展与加细	2022－05	88.00	1458
数学不等式.第5卷,创建不等式与解不等式的其他方法	2022－05	88.00	1459
同余理论	2012－05	38.00	163
[x]与{x}	2015－04	48.00	476
极值与最值.上卷	2015－06	28.00	486
极值与最值.中卷	2015－06	38.00	487
极值与最值.下卷	2015－06	28.00	488
整数的性质	2012－11	38.00	192
完全平方数及其应用	2015－08	78.00	506
多项式理论	2015－10	88.00	541
奇数、偶数、奇偶分析法	2018－01	98.00	876
不定方程及其应用.上	2018－12	58.00	992
不定方程及其应用.中	2019－01	78.00	993
不定方程及其应用.下	2019－02	98.00	994
Nesbitt不等式加强式的研究	2022－06	128.00	1527
最值定理与分析不等式	2023－02	78.00	1567
一类积分不等式	2023－02	88.00	1579
邦费罗尼不等式及概率应用	2023－05	58.00	1637
历届美国中学生数学竞赛试题及解答(第一卷)1950－1954	2014－07	18.00	277
历届美国中学生数学竞赛试题及解答(第二卷)1955－1959	2014－04	18.00	278
历届美国中学生数学竞赛试题及解答(第三卷)1960－1964	2014－06	18.00	279
历届美国中学生数学竞赛试题及解答(第四卷)1965－1969	2014－04	28.00	280
历届美国中学生数学竞赛试题及解答(第五卷)1970－1972	2014－06	18.00	281
历届美国中学生数学竞赛试题及解答(第六卷)1973－1980	2017－07	18.00	768
历届美国中学生数学竞赛试题及解答(第七卷)1981－1986	2015－01	18.00	424
历届美国中学生数学竞赛试题及解答(第八卷)1987－1990	2017－05	18.00	769
历届中国数学奥林匹克试题集(第3版)	2021－10	58.00	1440
历届加拿大数学奥林匹克试题集	2012－08	38.00	215
历届美国数学奥林匹克试题集:1972～2019	2020－04	88.00	1135
历届波兰数学竞赛试题集.第1卷,1949～1963	2015－03	18.00	453
历届波兰数学竞赛试题集.第2卷,1964～1976	2015－03	18.00	454
历届巴尔干数学奥林匹克试题集	2015－05	38.00	466
保加利亚数学奥林匹克	2014－10	38.00	393
圣彼得堡数学奥林匹克试题集	2015－01	38.00	429
匈牙利奥林匹克数学竞赛题解.第1卷	2016－05	28.00	593
匈牙利奥林匹克数学竞赛题解.第2卷	2016－05	28.00	594
历届美国数学邀请赛试题集(第2版)	2017－10	78.00	851
普林斯顿大学数学竞赛	2016－06	38.00	669
亚太地区数学奥林匹克竞赛题	2015－07	18.00	492
日本历届(初级)广中杯数学竞赛试题及解答.第1卷(2000～2007)	2016－05	28.00	641
日本历届(初级)广中杯数学竞赛试题及解答.第2卷(2008～2015)	2016－05	38.00	642
越南数学奥林匹克题选:1962－2009	2021－07	48.00	1370
360个数学竞赛问题	2016－08	58.00	677
奥数最佳实战题.上卷	2017－06	38.00	760
奥数最佳实战题.下卷	2017－05	58.00	761
哈尔滨市早期中学数学竞赛试题汇编	2016－07	28.00	672
全国高中数学联赛试题及解答:1981—2019(第4版)	2020－07	138.00	1176
2022年全国高中数学联合竞赛模拟题集	2022－06	30.00	1521

刘培杰数学工作室

已出版(即将出版)图书目录——初等数学

书　　名	出版时间	定　价	编号
20 世纪 50 年代全国部分城市数学竞赛试题汇编	2017—07	28.00	797
国内外数学竞赛题及精解:2018～2019	2020—08	45.00	1192
国内外数学竞赛题及精解:2019～2020	2021—11	58.00	1439
许康华竞赛优学精选集.第一辑	2018—08	68.00	949
天问叶班数学问题征解 100 题.Ⅰ,2016—2018	2019—05	88.00	1075
天问叶班数学问题征解 100 题.Ⅱ,2017—2019	2020—07	98.00	1177
美国初中数学竞赛:AMC8 准备(共 6 卷)	2019—07	138.00	1089
美国高中数学竞赛:AMC10 准备(共 6 卷)	2019—08	158.00	1105
王连笑教你怎样学数学:高考选择题解题策略与客观题实用训练	2014—01	48.00	262
王连笑教你怎样学数学:高考数学高层次讲座	2015—02	48.00	432
高考数学的理论与实践	2009—08	38.00	53
高考数学核心题型解题方法与技巧	2010—01	28.00	86
高考思维新平台	2014—03	38.00	259
高考数学压轴题解题诀窍(上)(第 2 版)	2018—01	58.00	874
高考数学压轴题解题诀窍(下)(第 2 版)	2018—01	48.00	875
北京市五区文科数学三年高考模拟题详解:2013～2015	2015—08	48.00	500
北京市五区理科数学三年高考模拟题详解:2013～2015	2015—09	68.00	505
向量法巧解数学高考题	2009—08	28.00	54
高中数学课堂教学的实践与反思	2021—11	48.00	791
数学高考参考	2016—01	78.00	589
新课程标准高考数学解答题各种题型解法指导	2020—08	78.00	1196
全国及各省市高考数学试题审题要津与解法研究	2015—02	48.00	450
高中数学章节起始课的教学研究与案例设计	2019—05	28.00	1064
新课标高考数学——五年试题分章详解(2007～2011)(上、下)	2011—10	78.00	140,141
全国中考数学压轴题审题要津与解法研究	2013—04	78.00	248
新编全国及各省市中考数学压轴题审题要津与解法研究	2014—05	58.00	342
全国及各省市 5 年中考数学压轴题审题要津与解法研究(2015 版)	2015—04	58.00	462
中考数学专题总复习	2007—04	28.00	6
中考数学较难题常考题型解题方法与技巧	2016—09	48.00	681
中考数学难题常考题型解题方法与技巧	2016—09	48.00	682
中考数学中档题常考题型解题方法与技巧	2017—08	68.00	835
中考数学选择填空压轴好题妙解 365	2017—05	38.00	759
中考数学:三类重点考题的解法例析与习题	2020—04	48.00	1140
中小学数学的历史文化	2019—11	48.00	1124
初中平面几何百题多思创新解	2020—01	58.00	1125
初中数学中考备考	2020—01	58.00	1126
高考数学之九章演义	2019—08	68.00	1044
高考数学之难题谈笑间	2022—06	68.00	1519
化学可以这样学:高中化学知识方法智慧感悟疑难辨析	2019—07	58.00	1103
如何成为学习高手	2019—09	58.00	1107
高考数学:经典真题分类解析	2020—04	78.00	1134
高考数学解答题破解策略	2020—11	58.00	1221
从分析解题过程学解题:高考压轴题与竞赛题之关系探究	2020—08	88.00	1179
教学新思考:单元整体视角下的初中数学教学设计	2021—03	58.00	1278
思维再拓展:2020 年经典几何题的多解探究与思考	即将出版		1279
中考数学小压轴汇编初讲	2017—07	48.00	788
中考数学大压轴专题微言	2017—09	48.00	846
怎么解中考平面几何探索题	2019—06	48.00	1093
北京中考数学压轴题解题方法突破(第 8 版)	2022—11	78.00	1577
助你高考成功的数学解题智慧:知识是智慧的基础	2016—01	58.00	596
助你高考成功的数学解题智慧:错误是智慧的试金石	2016—04	58.00	643
助你高考成功的数学解题智慧:方法是智慧的推手	2016—04	68.00	657
高考数学奇思妙解	2016—04	38.00	610
高考数学解题策略	2016—05	48.00	670
数学解题泄天机(第 2 版)	2017—10	48.00	850

刘培杰数学工作室
已出版(即将出版)图书目录——初等数学

书 名	出版时间	定 价	编号
高考物理压轴题全解	2017－04	58.00	746
高中物理经典问题 25 讲	2017－05	28.00	764
高中物理教学讲义	2018－01	48.00	871
高中物理教学讲义:全模块	2022－03	98.00	1492
高中物理答疑解惑 65 篇	2021－11	48.00	1462
中学物理基础问题解析	2020－08	48.00	1183
初中数学、高中数学脱节知识补缺教材	2017－06	48.00	766
高考数学小题抢分必练	2017－10	48.00	834
高考数学核心素养解读	2017－09	38.00	839
高考数学客观题解题方法和技巧	2017－10	38.00	847
十年高考数学精品试题审题要津与解法研究	2021－10	98.00	1427
中国历届高考数学试题及解答.1949－1979	2018－01	38.00	877
历届中国高考数学试题及解答.第二卷,1980—1989	2018－10	28.00	975
历届中国高考数学试题及解答.第三卷,1990—1999	2018－10	48.00	976
数学文化与高考研究	2018－03	48.00	882
跟我学解高中数学题	2018－07	58.00	926
中学数学研究的方法及案例	2018－05	58.00	869
高考数学抢分技能	2018－07	68.00	934
高一新生常用数学方法和重要数学思想提升教材	2018－06	38.00	921
2018 年高考数学真题研究	2019－01	68.00	1000
2019 年高考数学真题研究	2020－05	88.00	1137
高考数学全国卷六道解答题常考题型解题诀窍:理科(全 2 册)	2019－07	78.00	1101
高考数学全国卷 16 道选择、填空题常考题型解题诀窍.理科	2018－09	88.00	971
高考数学全国卷 16 道选择、填空题常考题型解题诀窍.文科	2020－01	88.00	1123
高中数学一题多解	2019－06	58.00	1087
历届中国高考数学试题及解答:1917－1999	2021－08	98.00	1371
2000～2003 年全国及各省市高考数学试题及解答	2022－05	88.00	1499
2004 年全国及各省市高考数学试题及解答	2022－07	78.00	1500
突破高原:高中数学解题思维探究	2021－08	48.00	1375
高考数学中的"取值范围"	2021－10	48.00	1429
新课程标准高中数学各种题型解法大全.必修一分册	2021－06	58.00	1315
新课程标准高中数学各种题型解法大全.必修二分册	2022－01	68.00	1471
高中数学各种题型解法大全.选择性必修一分册	2022－06	68.00	1525
高中数学各种题型解法大全.选择性必修二分册	2023－01	58.00	1600
高中数学各种题型解法大全.选择性必修三分册	2023－04	48.00	1643
历届全国初中数学竞赛经典试题详解	2023－04	88.00	1624
新编 640 个世界著名数学智力趣题	2014－01	88.00	242
500 个最新世界著名数学智力趣题	2008－06	48.00	3
400 个最新世界著名数学最值问题	2008－09	48.00	36
500 个世界著名数学征解问题	2009－06	48.00	52
400 个中国最佳初等数学征解老问题	2010－01	48.00	60
500 个俄罗斯数学经典老题	2011－01	28.00	81
1000 个国外中学物理好题	2012－04	48.00	174
300 个日本高考数学题	2012－05	38.00	142
700 个早期日本高考数学试题	2017－02	88.00	752
500 个前苏联早期高考数学试题及解答	2012－05	28.00	185
546 个早期俄罗斯大学生数学竞赛题	2014－03	38.00	285
548 个来自美苏的数学好问题	2014－11	28.00	396
20 所苏联著名大学早期入学试题	2015－02	18.00	452
161 道德国工科大学生必做的微分方程习题	2015－05	28.00	469
500 个德国工科大学生必做的高数习题	2015－06	28.00	478
360 个数学竞赛问题	2016－08	58.00	677
200 个趣味数学故事	2018－02	48.00	857
470 个数学奥林匹克中的最值问题	2018－10	88.00	985
德国讲义日本考题.微积分卷	2015－04	48.00	456
德国讲义日本考题.微分方程卷	2015－04	38.00	457
二十世纪中叶中、英、美、日、法、俄高考数学试题精选	2017－06	38.00	783

刘培杰数学工作室
已出版(即将出版)图书目录——初等数学

书　　名	出版时间	定　价	编号
中国初等数学研究　2009 卷(第 1 辑)	2009－05	20.00	45
中国初等数学研究　2010 卷(第 2 辑)	2010－05	30.00	68
中国初等数学研究　2011 卷(第 3 辑)	2011－07	60.00	127
中国初等数学研究　2012 卷(第 4 辑)	2012－07	48.00	190
中国初等数学研究　2014 卷(第 5 辑)	2014－02	48.00	288
中国初等数学研究　2015 卷(第 6 辑)	2015－06	68.00	493
中国初等数学研究　2016 卷(第 7 辑)	2016－04	68.00	609
中国初等数学研究　2017 卷(第 8 辑)	2017－01	98.00	712
初等数学研究在中国. 第 1 辑	2019－03	158.00	1024
初等数学研究在中国. 第 2 辑	2019－10	158.00	1116
初等数学研究在中国. 第 3 辑	2021－05	158.00	1306
初等数学研究在中国. 第 4 辑	2022－06	158.00	1520
几何变换(Ⅰ)	2014－07	28.00	353
几何变换(Ⅱ)	2015－06	28.00	354
几何变换(Ⅲ)	2015－01	38.00	355
几何变换(Ⅳ)	2015－12	38.00	356
初等数论难题集(第一卷)	2009－05	68.00	44
初等数论难题集(第二卷)(上、下)	2011－02	128.00	82,83
数论概貌	2011－03	18.00	93
代数数论(第二版)	2013－08	58.00	94
代数多项式	2014－06	38.00	289
初等数论的知识与问题	2011－02	28.00	95
超越数论基础	2011－03	28.00	96
数论初等教程	2011－03	28.00	97
数论基础	2011－03	18.00	98
数论基础与维诺格拉多夫	2014－03	18.00	292
解析数论基础	2012－08	28.00	216
解析数论基础(第二版)	2014－01	48.00	287
解析数论问题集(第二版)(原版引进)	2014－05	88.00	343
解析数论问题集(第二版)(中译本)	2016－04	88.00	607
解析数论基础(潘承洞,潘承彪著)	2016－07	98.00	673
解析数论导引	2016－07	58.00	674
数论入门	2011－03	38.00	99
代数数论入门	2015－03	38.00	448
数论开篇	2012－07	28.00	194
解析数论引论	2011－03	48.00	100
Barban Davenport Halberstam 均值和	2009－01	40.00	33
基础数论	2011－03	28.00	101
初等数论 100 例	2011－05	18.00	122
初等数论经典例题	2012－07	18.00	204
最新世界各国数学奥林匹克中的初等数论试题(上、下)	2012－01	138.00	144,145
初等数论(Ⅰ)	2012－01	18.00	156
初等数论(Ⅱ)	2012－01	18.00	157
初等数论(Ⅲ)	2012－01	28.00	158

刘培杰数学工作室 已出版(即将出版)图书目录——初等数学

书　　名	出版时间	定　价	编号
平面几何与数论中未解决的新老问题	2013－01	68.00	229
代数数论简史	2014－11	28.00	408
代数数论	2015－09	88.00	532
代数、数论及分析习题集	2016－11	98.00	695
数论导引提要及习题解答	2016－01	48.00	559
素数定理的初等证明．第2版	2016－09	48.00	686
数论中的模函数与狄利克雷级数(第二版)	2017－11	78.00	837
数论：数学导引	2018－01	68.00	849
范氏大代数	2019－02	98.00	1016
解析数学讲义．第一卷，导来式及微分、积分、级数	2019－04	88.00	1021
解析数学讲义．第二卷，关于几何的应用	2019－04	68.00	1022
解析数学讲义．第三卷，解析函数论	2019－04	78.00	1023
分析・组合・数论纵横谈	2019－04	58.00	1039
Hall 代数：民国时期的中学数学课本：英文	2019－08	88.00	1106
基谢廖夫初等代数	2022－07	38.00	1531
数学精神巡礼	2019－01	58.00	731
数学眼光透视(第2版)	2017－06	78.00	732
数学思想领悟(第2版)	2018－01	68.00	733
数学方法溯源(第2版)	2018－08	68.00	734
数学解题引论	2017－05	58.00	735
数学史话览胜(第2版)	2017－01	48.00	736
数学应用展观(第2版)	2017－08	68.00	737
数学建模尝试	2018－04	48.00	738
数学竞赛采风	2018－01	68.00	739
数学测评探营	2019－05	58.00	740
数学技能操握	2018－03	48.00	741
数学欣赏拾趣	2018－02	48.00	742
从毕达哥拉斯到怀尔斯	2007－10	48.00	9
从迪利克雷到维斯卡尔迪	2008－01	48.00	21
从哥德巴赫到陈景润	2008－05	98.00	35
从庞加莱到佩雷尔曼	2011－08	138.00	136
博弈论精粹	2008－03	58.00	30
博弈论精粹．第二版(精装)	2015－01	88.00	461
数学 我爱你	2008－01	28.00	20
精神的圣徒　别样的人生——60位中国数学家成长的历程	2008－09	48.00	39
数学史概论	2009－06	78.00	50
数学史概论(精装)	2013－03	158.00	272
数学史选讲	2016－01	48.00	544
斐波那契数列	2010－02	28.00	65
数学拼盘和斐波那契魔方	2010－07	38.00	72
斐波那契数列欣赏(第2版)	2018－08	58.00	948
Fibonacci 数列中的明珠	2018－06	58.00	928
数学的创造	2011－02	48.00	85
数学美与创造力	2016－01	48.00	595
数海拾贝	2016－01	48.00	590
数学中的美(第2版)	2019－04	68.00	1057
数论中的美学	2014－12	38.00	351

刘培杰数学工作室
已出版(即将出版)图书目录——初等数学 

书　名	出版时间	定　价	编号
数学王者　科学巨人——高斯	2015－01	28.00	428
振兴祖国数学的圆梦之旅:中国初等数学研究史话	2015－06	98.00	490
二十世纪中国数学史料研究	2015－10	48.00	536
数字谜、数阵图与棋盘覆盖	2016－01	58.00	298
时间的形状	2016－01	38.00	556
数学发现的艺术:数学探索中的合情推理	2016－07	58.00	671
活跃在数学中的参数	2016－07	48.00	675
数海趣史	2021－05	98.00	1314
数学解题——靠数学思想给力(上)	2011－07	38.00	131
数学解题——靠数学思想给力(中)	2011－07	48.00	132
数学解题——靠数学思想给力(下)	2011－07	38.00	133
我怎样解题	2013－01	48.00	227
数学解题中的物理方法	2011－06	28.00	114
数学解题的特殊方法	2011－06	48.00	115
中学数学计算技巧(第2版)	2020－10	48.00	1220
中学数学证明方法	2012－01	58.00	117
数学趣题巧解	2012－03	28.00	128
高中数学教学通鉴	2015－05	58.00	479
和高中生漫谈:数学与哲学的故事	2014－08	28.00	369
算术问题集	2017－03	38.00	789
张教授讲数学	2018－07	38.00	933
陈永明实话实说数学教学	2020－04	68.00	1132
中学数学学科知识与教学能力	2020－06	58.00	1155
怎样把课讲好:大罕数学教学随笔	2022－03	58.00	1484
中国高考评价体系下高考数学探秘	2022－03	48.00	1487
自主招生考试中的参数方程问题	2015－01	28.00	435
自主招生考试中的极坐标问题	2015－04	28.00	463
近年全国重点大学自主招生数学试题全解及研究.华约卷	2015－02	38.00	441
近年全国重点大学自主招生数学试题全解及研究.北约卷	2016－05	38.00	619
自主招生数学解证宝典	2015－09	48.00	535
中国科学技术大学创新班数学真题解析	2022－03	48.00	1488
中国科学技术大学创新班物理真题解析	2022－03	58.00	1489
格点和面积	2012－07	18.00	191
射影几何趣谈	2012－04	28.00	175
斯潘纳尔引理——从一道加拿大数学奥林匹克试题谈起	2014－01	28.00	228
李普希兹条件——从几道近年高考数学试题谈起	2012－10	18.00	221
拉格朗日中值定理——从一道北京高考试题的解法谈起	2015－10	18.00	197
闵科夫斯基定理——从一道清华大学自主招生试题谈起	2014－01	28.00	198
哈尔测度——从一道冬令营试题的背景谈起	2012－08	28.00	202
切比雪夫逼近问题——从一道中国台北数学奥林匹克试题谈起	2013－04	38.00	238
伯恩斯坦多项式与贝齐尔曲面——从一道全国高中数学联赛试题谈起	2013－03	38.00	236
卡塔兰猜想——从一道普特南竞赛试题谈起	2013－06	18.00	256
麦卡锡函数和阿克曼函数——从一道前南斯拉夫数学奥林匹克试题谈起	2012－08	18.00	201
贝蒂定理与拉姆贝克莫斯尔定理——从一个拣石子游戏谈起	2012－08	18.00	217
皮亚诺曲线和豪斯道夫分球定理——从无限集谈起	2012－08	18.00	211
平面凸图形与凸多面体	2012－10	28.00	218
斯坦因豪斯问题——从一道二十五省市自治区中学数学竞赛试题谈起	2012－07	18.00	196

刘培杰数学工作室

已出版(即将出版)图书目录——初等数学

书　　名	出版时间	定　价	编号
纽结理论中的亚历山大多项式与琼斯多项式——从一道北京市高一数学竞赛试题谈起	2012－07	28.00	195
原则与策略——从波利亚“解题表”谈起	2013－04	38.00	244
转化与化归——从三大尺规作图不能问题谈起	2012－08	28.00	214
代数几何中的贝祖定理(第一版)——从一道 IMO 试题的解法谈起	2013－08	18.00	193
成功连贯理论与约当块理论——从一道比利时数学竞赛试题谈起	2012－04	18.00	180
素数判定与大数分解	2014－08	18.00	199
置换多项式及其应用	2012－10	18.00	220
椭圆函数与模函数——从一道美国加州大学洛杉矶分校(UCLA)博士资格考题谈起	2012－10	28.00	219
差分方程的拉格朗日方法——从一道 2011 年全国高考理科试题的解法谈起	2012－08	28.00	200
力学在几何中的一些应用	2013－01	38.00	240
从根式解到伽罗华理论	2020－01	48.00	1121
康托洛维奇不等式——从一道全国高中联赛试题谈起	2013－03	28.00	337
西格尔引理——从一道第 18 届 IMO 试题的解法谈起	即将出版		
罗斯定理——从一道前苏联数学竞赛试题谈起	即将出版		
拉克斯定理和阿廷定理——从一道 IMO 试题的解法谈起	2014－01	58.00	246
毕卡大定理——从一道美国大学数学竞赛试题谈起	2014－07	18.00	350
贝齐尔曲线——从一道全国高中联赛试题谈起	即将出版		
拉格朗日乘子定理——从一道 2005 年全国高中联赛试题的高等数学解法谈起	2015－05	28.00	480
雅可比定理——从一道日本数学奥林匹克试题谈起	2013－04	48.00	249
李天岩－约克定理——从一道波兰数学竞赛试题谈起	2014－06	28.00	349
受控理论与初等不等式:从一道 IMO 试题的解法谈起	2023－03	48.00	1601
布劳维不动点定理——从一道前苏联数学奥林匹克试题谈起	2014－01	38.00	273
伯恩赛德定理——从一道英国数学奥林匹克试题谈起	即将出版		
布查特－莫斯特定理——从一道上海市初中竞赛试题谈起	即将出版		
数论中的同余数问题——从一道普特南竞赛试题谈起	即将出版		
范·德蒙行列式——从一道美国数学奥林匹克试题谈起	即将出版		
中国剩余定理:总数法构建中国历史年表	2015－01	28.00	430
牛顿程序与方程求根——从一道全国高考试题解法谈起	即将出版		
库默尔定理——从一道 IMO 预选试题谈起	即将出版		
卢丁定理——从一道冬令营试题的解法谈起	即将出版		
沃斯滕霍姆定理——从一道 IMO 预选试题谈起	即将出版		
卡尔松不等式——从一道莫斯科数学奥林匹克试题谈起	即将出版		
信息论中的香农熵——从一道近年高考压轴题谈起	即将出版		
约当不等式——从一道希望杯竞赛试题谈起	即将出版		
拉比诺维奇定理	即将出版		
刘维尔定理——从一道《美国数学月刊》征解问题的解法谈起	即将出版		
卡塔兰恒等式与级数求和——从一道 IMO 试题的解法谈起	即将出版		
勒让德猜想与素数分布——从一道爱尔兰竞赛试题谈起	即将出版		
天平称重与信息论——从一道基辅市数学奥林匹克试题谈起	即将出版		
哈密尔顿－凯莱定理:从一道高中数学联赛试题的解法谈起	2014－09	18.00	376
艾思特曼定理——从一道 CMO 试题的解法谈起	即将出版		

刘培杰数学工作室
已出版(即将出版)图书目录——初等数学

书　　名	出版时间	定　价	编号
阿贝尔恒等式与经典不等式及应用	2018－06	98.00	923
迪利克雷除数问题	2018－07	48.00	930
幻方、幻立方与拉丁方	2019－08	48.00	1092
帕斯卡三角形	2014－03	18.00	294
蒲丰投针问题——从2009年清华大学的一道自主招生试题谈起	2014－01	38.00	295
斯图姆定理——从一道“华约”自主招生试题的解法谈起	2014－01	18.00	296
许瓦兹引理——从一道加利福尼亚大学伯克利分校数学系博士生试题谈起	2014－08	18.00	297
拉姆塞定理——从王诗宬院士的一个问题谈起	2016－04	48.00	299
坐标法	2013－12	28.00	332
数论三角形	2014－04	38.00	341
毕克定理	2014－07	18.00	352
数林掠影	2014－09	48.00	389
我们周围的概率	2014－10	38.00	390
凸函数最值定理:从一道华约自主招生题的解法谈起	2014－10	28.00	391
易学与数学奥林匹克	2014－10	38.00	392
生物数学趣谈	2015－01	18.00	409
反演	2015－01	28.00	420
因式分解与圆锥曲线	2015－01	18.00	426
轨迹	2015－01	28.00	427
面积原理:从常庚哲命的一道CMO试题的积分解法谈起	2015－01	48.00	431
形形色色的不动点定理:从一道28届IMO试题谈起	2015－01	38.00	439
柯西函数方程:从一道上海交大自主招生的试题谈起	2015－02	28.00	440
三角恒等式	2015－02	28.00	442
无理性判定:从一道2014年“北约”自主招生试题谈起	2015－01	38.00	443
数学归纳法	2015－03	18.00	451
极端原理与解题	2015－04	28.00	464
法雷级数	2014－08	18.00	367
摆线族	2015－01	38.00	438
函数方程及其解法	2015－05	38.00	470
含参数的方程和不等式	2012－09	28.00	213
希尔伯特第十问题	2016－01	38.00	543
无穷小量的求和	2016－01	28.00	545
切比雪夫多项式:从一道清华大学金秋营试题谈起	2016－01	38.00	583
泽肯多夫定理	2016－03	38.00	599
代数等式证题法	2016－01	28.00	600
三角等式证题法	2016－01	28.00	601
吴大任教授藏书中的一个因式分解公式:从一道美国数学邀请赛试题的解法谈起	2016－06	28.00	656
易卦——类万物的数学模型	2017－08	68.00	838
“不可思议”的数与数系可持续发展	2018－01	38.00	878
最短线	2018－01	38.00	879
数学在天文、地理、光学、机械力学中的一些应用	2023－03	88.00	1576
从阿基米德三角形谈起	2023－01	28.00	1578

书　　名	出版时间	定　价	编号
幻方和魔方(第一卷)	2012－05	68.00	173
尘封的经典——初等数学经典文献选读(第一卷)	2012－07	48.00	205
尘封的经典——初等数学经典文献选读(第二卷)	2012－07	38.00	206

书　　名	出版时间	定　价	编号
初级方程式论	2011－03	28.00	106
初等数学研究(Ⅰ)	2008－09	68.00	37
初等数学研究(Ⅱ)(上、下)	2009－05	118.00	46,47
初等数学专题研究	2022－10	68.00	1568

刘培杰数学工作室

已出版(即将出版)图书目录——初等数学

书　　名	出版时间	定　价	编号
趣味初等方程妙题集锦	2014－09	48.00	388
趣味初等数论选美与欣赏	2015－02	48.00	445
耕读笔记(上卷):一位农民数学爱好者的初数探索	2015－04	28.00	459
耕读笔记(中卷):一位农民数学爱好者的初数探索	2015－05	28.00	483
耕读笔记(下卷):一位农民数学爱好者的初数探索	2015－05	28.00	484
几何不等式研究与欣赏.上卷	2016－01	88.00	547
几何不等式研究与欣赏.下卷	2016－01	48.00	552
初等数列研究与欣赏·上	2016－01	48.00	570
初等数列研究与欣赏·下	2016－01	48.00	571
趣味初等函数研究与欣赏.上	2016－09	48.00	684
趣味初等函数研究与欣赏.下	2018－09	48.00	685
三角不等式研究与欣赏	2020－10	68.00	1197
新编平面解析几何解题方法研究与欣赏	2021－10	78.00	1426
火柴游戏(第2版)	2022－05	38.00	1493
智力解谜.第1卷	2017－07	38.00	613
智力解谜.第2卷	2017－07	38.00	614
故事智力	2016－07	48.00	615
名人们喜欢的智力问题	2020－01	48.00	616
数学大师的发现、创造与失误	2018－01	48.00	617
异曲同工	2018－09	48.00	618
数学的味道	2018－01	58.00	798
数学千字文	2018－10	68.00	977
数贝偶拾——高考数学题研究	2014－04	28.00	274
数贝偶拾——初等数学研究	2014－04	38.00	275
数贝偶拾——奥数题研究	2014－04	48.00	276
钱昌本教你快乐学数学(上)	2011－12	48.00	155
钱昌本教你快乐学数学(下)	2012－03	58.00	171
集合、函数与方程	2014－01	28.00	300
数列与不等式	2014－01	38.00	301
三角与平面向量	2014－01	28.00	302
平面解析几何	2014－01	38.00	303
立体几何与组合	2014－01	28.00	304
极限与导数、数学归纳法	2014－01	38.00	305
趣味数学	2014－03	28.00	306
教材教法	2014－04	68.00	307
自主招生	2014－05	58.00	308
高考压轴题(上)	2015－01	48.00	309
高考压轴题(下)	2014－10	68.00	310
从费马到怀尔斯——费马大定理的历史	2013－10	198.00	Ⅰ
从庞加莱到佩雷尔曼——庞加莱猜想的历史	2013－10	298.00	Ⅱ
从切比雪夫到爱尔特希(上)——素数定理的初等证明	2013－07	48.00	Ⅲ
从切比雪夫到爱尔特希(下)——素数定理100年	2012－12	98.00	Ⅲ
从高斯到盖尔方特——二次域的高斯猜想	2013－10	198.00	Ⅳ
从库默尔到朗兰兹——朗兰兹猜想的历史	2014－01	98.00	Ⅴ
从比勃巴赫到德布朗斯——比勃巴赫猜想的历史	2014－02	298.00	Ⅵ
从麦比乌斯到陈省身——麦比乌斯变换与麦比乌斯带	2014－02	298.00	Ⅶ
从布尔到豪斯道夫——布尔方程与格论漫谈	2013－10	198.00	Ⅷ
从开普勒到阿诺德——三体问题的历史	2014－05	298.00	Ⅸ
从华林到华罗庚——华林问题的历史	2013－10	298.00	Ⅹ

刘培杰数学工作室
已出版(即将出版)图书目录——初等数学

书　　名	出版时间	定　价	编号
美国高中数学竞赛五十讲.第1卷(英文)	2014－08	28.00	357
美国高中数学竞赛五十讲.第2卷(英文)	2014－08	28.00	358
美国高中数学竞赛五十讲.第3卷(英文)	2014－09	28.00	359
美国高中数学竞赛五十讲.第4卷(英文)	2014－09	28.00	360
美国高中数学竞赛五十讲.第5卷(英文)	2014－10	28.00	361
美国高中数学竞赛五十讲.第6卷(英文)	2014－11	28.00	362
美国高中数学竞赛五十讲.第7卷(英文)	2014－12	28.00	363
美国高中数学竞赛五十讲.第8卷(英文)	2015－01	28.00	364
美国高中数学竞赛五十讲.第9卷(英文)	2015－01	28.00	365
美国高中数学竞赛五十讲.第10卷(英文)	2015－02	38.00	366

书　　名	出版时间	定　价	编号
三角函数(第2版)	2017－04	38.00	626
不等式	2014－01	38.00	312
数列	2014－01	38.00	313
方程(第2版)	2017－04	38.00	624
排列和组合	2014－01	28.00	315
极限与导数(第2版)	2016－04	38.00	635
向量(第2版)	2018－08	58.00	627
复数及其应用	2014－08	28.00	318
函数	2014－01	38.00	319
集合	2020－01	48.00	320
直线与平面	2014－01	28.00	321
立体几何(第2版)	2016－04	38.00	629
解三角形	即将出版		323
直线与圆(第2版)	2016－11	38.00	631
圆锥曲线(第2版)	2016－09	48.00	632
解题通法(一)	2014－07	38.00	326
解题通法(二)	2014－07	38.00	327
解题通法(三)	2014－05	38.00	328
概率与统计	2014－01	28.00	329
信息迁移与算法	即将出版		330

书　　名	出版时间	定　价	编号
IMO 50年.第1卷(1959－1963)	2014－11	28.00	377
IMO 50年.第2卷(1964－1968)	2014－11	28.00	378
IMO 50年.第3卷(1969－1973)	2014－09	28.00	379
IMO 50年.第4卷(1974－1978)	2016－04	38.00	380
IMO 50年.第5卷(1979－1984)	2015－04	38.00	381
IMO 50年.第6卷(1985－1989)	2015－04	58.00	382
IMO 50年.第7卷(1990－1994)	2016－01	48.00	383
IMO 50年.第8卷(1995－1999)	2016－06	38.00	384
IMO 50年.第9卷(2000－2004)	2015－04	58.00	385
IMO 50年.第10卷(2005－2009)	2016－01	48.00	386
IMO 50年.第11卷(2010－2015)	2017－03	48.00	646

刘培杰数学工作室

已出版(即将出版)图书目录——初等数学

书　名	出版时间	定　价	编号
数学反思(2006—2007)	2020—09	88.00	915
数学反思(2008—2009)	2019—01	68.00	917
数学反思(2010—2011)	2018—05	58.00	916
数学反思(2012—2013)	2019—01	58.00	918
数学反思(2014—2015)	2019—03	78.00	919
数学反思(2016—2017)	2021—03	58.00	1286
数学反思(2018—2019)	2023—01	88.00	1593
历届美国大学生数学竞赛试题集.第一卷(1938—1949)	2015—01	28.00	397
历届美国大学生数学竞赛试题集.第二卷(1950—1959)	2015—01	28.00	398
历届美国大学生数学竞赛试题集.第三卷(1960—1969)	2015—01	28.00	399
历届美国大学生数学竞赛试题集.第四卷(1970—1979)	2015—01	18.00	400
历届美国大学生数学竞赛试题集.第五卷(1980—1989)	2015—01	28.00	401
历届美国大学生数学竞赛试题集.第六卷(1990—1999)	2015—01	28.00	402
历届美国大学生数学竞赛试题集.第七卷(2000—2009)	2015—08	18.00	403
历届美国大学生数学竞赛试题集.第八卷(2010—2012)	2015—01	18.00	404
新课标高考数学创新题解题诀窍:总论	2014—09	28.00	372
新课标高考数学创新题解题诀窍:必修1～5分册	2014—08	38.00	373
新课标高考数学创新题解题诀窍:选修2－1,2－2,1－1,1－2分册	2014—09	38.00	374
新课标高考数学创新题解题诀窍:选修2－3,4－4,4－5分册	2014—09	18.00	375
全国重点大学自主招生英文数学试题全攻略:词汇卷	2015—07	48.00	410
全国重点大学自主招生英文数学试题全攻略:概念卷	2015—01	28.00	411
全国重点大学自主招生英文数学试题全攻略:文章选读卷(上)	2016—09	38.00	412
全国重点大学自主招生英文数学试题全攻略:文章选读卷(下)	2017—01	58.00	413
全国重点大学自主招生英文数学试题全攻略:试题卷	2015—07	38.00	414
全国重点大学自主招生英文数学试题全攻略:名著欣赏卷	2017—03	48.00	415
劳埃德数学趣题大全.题目卷.1:英文	2016—01	18.00	516
劳埃德数学趣题大全.题目卷.2:英文	2016—01	18.00	517
劳埃德数学趣题大全.题目卷.3:英文	2016—01	18.00	518
劳埃德数学趣题大全.题目卷.4:英文	2016—01	18.00	519
劳埃德数学趣题大全.题目卷.5:英文	2016—01	18.00	520
劳埃德数学趣题大全.答案卷:英文	2016—01	18.00	521
李成章教练奥数笔记.第1卷	2016—01	48.00	522
李成章教练奥数笔记.第2卷	2016—01	48.00	523
李成章教练奥数笔记.第3卷	2016—01	38.00	524
李成章教练奥数笔记.第4卷	2016—01	38.00	525
李成章教练奥数笔记.第5卷	2016—01	38.00	526
李成章教练奥数笔记.第6卷	2016—01	38.00	527
李成章教练奥数笔记.第7卷	2016—01	38.00	528
李成章教练奥数笔记.第8卷	2016—01	48.00	529
李成章教练奥数笔记.第9卷	2016—01	28.00	530

刘培杰数学工作室
已出版(即将出版)图书目录——初等数学

书　　名	出版时间	定　价	编号
第19～23届"希望杯"全国数学邀请赛试题审题要津详细评注(初一版)	2014－03	28.00	333
第19～23届"希望杯"全国数学邀请赛试题审题要津详细评注(初二、初三版)	2014－03	38.00	334
第19～23届"希望杯"全国数学邀请赛试题审题要津详细评注(高一版)	2014－03	28.00	335
第19～23届"希望杯"全国数学邀请赛试题审题要津详细评注(高二版)	2014－03	38.00	336
第19～25届"希望杯"全国数学邀请赛试题审题要津详细评注(初一版)	2015－01	38.00	416
第19～25届"希望杯"全国数学邀请赛试题审题要津详细评注(初二、初三版)	2015－01	58.00	417
第19～25届"希望杯"全国数学邀请赛试题审题要津详细评注(高一版)	2015－01	48.00	418
第19～25届"希望杯"全国数学邀请赛试题审题要津详细评注(高二版)	2015－01	48.00	419
物理奥林匹克竞赛大题典——力学卷	2014－11	48.00	405
物理奥林匹克竞赛大题典——热学卷	2014－04	28.00	339
物理奥林匹克竞赛大题典——电磁学卷	2015－07	48.00	406
物理奥林匹克竞赛大题典——光学与近代物理卷	2014－06	28.00	345
历届中国东南地区数学奥林匹克试题集(2004～2012)	2014－06	18.00	346
历届中国西部地区数学奥林匹克试题集(2001～2012)	2014－07	18.00	347
历届中国女子数学奥林匹克试题集(2002～2012)	2014－08	18.00	348
数学奥林匹克在中国	2014－06	98.00	344
数学奥林匹克问题集	2014－01	38.00	267
数学奥林匹克不等式散论	2010－06	38.00	124
数学奥林匹克不等式欣赏	2011－09	38.00	138
数学奥林匹克超级题库(初中卷上)	2010－01	58.00	66
数学奥林匹克不等式证明方法和技巧(上、下)	2011－08	158.00	134,135
他们学什么:原民主德国中学数学课本	2016－09	38.00	658
他们学什么:英国中学数学课本	2016－09	38.00	659
他们学什么:法国中学数学课本.1	2016－09	38.00	660
他们学什么:法国中学数学课本.2	2016－09	28.00	661
他们学什么:法国中学数学课本.3	2016－09	38.00	662
他们学什么:苏联中学数学课本	2016－09	28.00	679
高中数学题典——集合与简易逻辑·函数	2016－07	48.00	647
高中数学题典——导数	2016－07	48.00	648
高中数学题典——三角函数·平面向量	2016－07	48.00	649
高中数学题典——数列	2016－07	58.00	650
高中数学题典——不等式·推理与证明	2016－07	38.00	651
高中数学题典——立体几何	2016－07	48.00	652
高中数学题典——平面解析几何	2016－07	78.00	653
高中数学题典——计数原理·统计·概率·复数	2016－07	48.00	654
高中数学题典——算法·平面几何·初等数论·组合数学·其他	2016－07	68.00	655

刘培杰数学工作室
已出版(即将出版)图书目录——初等数学

书　　名	出版时间	定　价	编号
台湾地区奥林匹克数学竞赛试题.小学一年级	2017—03	38.00	722
台湾地区奥林匹克数学竞赛试题.小学二年级	2017—03	38.00	723
台湾地区奥林匹克数学竞赛试题.小学三年级	2017—03	38.00	724
台湾地区奥林匹克数学竞赛试题.小学四年级	2017—03	38.00	725
台湾地区奥林匹克数学竞赛试题.小学五年级	2017—03	38.00	726
台湾地区奥林匹克数学竞赛试题.小学六年级	2017—03	38.00	727
台湾地区奥林匹克数学竞赛试题.初中一年级	2017—03	38.00	728
台湾地区奥林匹克数学竞赛试题.初中二年级	2017—03	38.00	729
台湾地区奥林匹克数学竞赛试题.初中三年级	2017—03	28.00	730
不等式证题法	2017—04	28.00	747
平面几何培优教程	2019—08	88.00	748
奥数鼎级培优教程.高一分册	2018—09	88.00	749
奥数鼎级培优教程.高二分册.上	2018—04	68.00	750
奥数鼎级培优教程.高二分册.下	2018—04	68.00	751
高中数学竞赛冲刺宝典	2019—04	68.00	883
初中尖子生数学超级题典.实数	2017—07	58.00	792
初中尖子生数学超级题典.式、方程与不等式	2017—08	58.00	793
初中尖子生数学超级题典.圆、面积	2017—08	38.00	794
初中尖子生数学超级题典.函数、逻辑推理	2017—08	48.00	795
初中尖子生数学超级题典.角、线段、三角形与多边形	2017—07	58.00	796
数学王子——高斯	2018—01	48.00	858
坎坷奇星——阿贝尔	2018—01	48.00	859
闪烁奇星——伽罗瓦	2018—01	58.00	860
无穷统帅——康托尔	2018—01	48.00	861
科学公主——柯瓦列夫斯卡娅	2018—01	48.00	862
抽象代数之母——埃米·诺特	2018—01	48.00	863
电脑先驱——图灵	2018—01	58.00	864
昔日神童——维纳	2018—01	48.00	865
数坛怪侠——爱尔特希	2018—01	68.00	866
传奇数学家徐利治	2019—09	88.00	1110
当代世界中的数学.数学思想与数学基础	2019—01	38.00	892
当代世界中的数学.数学问题	2019—01	38.00	893
当代世界中的数学.应用数学与数学应用	2019—01	38.00	894
当代世界中的数学.数学王国的新疆域(一)	2019—01	38.00	895
当代世界中的数学.数学王国的新疆域(二)	2019—01	38.00	896
当代世界中的数学.数林撷英(一)	2019—01	38.00	897
当代世界中的数学.数林撷英(二)	2019—01	48.00	898
当代世界中的数学.数学之路	2019—01	38.00	899

刘培杰数学工作室

已出版(即将出版)图书目录——初等数学

书　　名	出版时间	定　价	编号
105 个代数问题:来自 AwesomeMath 夏季课程	2019—02	58.00	956
106 个几何问题:来自 AwesomeMath 夏季课程	2020—07	58.00	957
107 个几何问题:来自 AwesomeMath 全年课程	2020—07	58.00	958
108 个代数问题:来自 AwesomeMath 全年课程	2019—01	68.00	959
109 个不等式:来自 AwesomeMath 夏季课程	2019—04	58.00	960
国际数学奥林匹克中的 110 个几何问题	即将出版		961
111 个代数和数论问题	2019—05	58.00	962
112 个组合问题:来自 AwesomeMath 夏季课程	2019—05	58.00	963
113 个几何不等式:来自 AwesomeMath 夏季课程	2020—08	58.00	964
114 个指数和对数问题:来自 AwesomeMath 夏季课程	2019—09	48.00	965
115 个三角问题:来自 AwesomeMath 夏季课程	2019—09	58.00	966
116 个代数不等式:来自 AwesomeMath 全年课程	2019—04	58.00	967
117 个多项式问题:来自 AwesomeMath 夏季课程	2021—09	58.00	1409
118 个数学竞赛不等式	2022—08	78.00	1526
紫色彗星国际数学竞赛试题	2019—02	58.00	999
数学竞赛中的数学:为数学爱好者、父母、教师和教练准备的丰富资源.第一部	2020—04	58.00	1141
数学竞赛中的数学:为数学爱好者、父母、教师和教练准备的丰富资源.第二部	2020—07	48.00	1142
和与积	2020—10	38.00	1219
数论:概念和问题	2020—12	68.00	1257
初等数学问题研究	2021—03	48.00	1270
数学奥林匹克中的欧几里得几何	2021—10	68.00	1413
数学奥林匹克题解新编	2022—01	58.00	1430
图论入门	2022—09	58.00	1554
澳大利亚中学数学竞赛试题及解答(初级卷)1978～1984	2019—02	28.00	1002
澳大利亚中学数学竞赛试题及解答(初级卷)1985～1991	2019—02	28.00	1003
澳大利亚中学数学竞赛试题及解答(初级卷)1992～1998	2019—02	28.00	1004
澳大利亚中学数学竞赛试题及解答(初级卷)1999～2005	2019—02	28.00	1005
澳大利亚中学数学竞赛试题及解答(中级卷)1978～1984	2019—03	28.00	1006
澳大利亚中学数学竞赛试题及解答(中级卷)1985～1991	2019—03	28.00	1007
澳大利亚中学数学竞赛试题及解答(中级卷)1992～1998	2019—03	28.00	1008
澳大利亚中学数学竞赛试题及解答(中级卷)1999～2005	2019—03	28.00	1009
澳大利亚中学数学竞赛试题及解答(高级卷)1978～1984	2019—05	28.00	1010
澳大利亚中学数学竞赛试题及解答(高级卷)1985～1991	2019—05	28.00	1011
澳大利亚中学数学竞赛试题及解答(高级卷)1992～1998	2019—05	28.00	1012
澳大利亚中学数学竞赛试题及解答(高级卷)1999～2005	2019—05	28.00	1013
天才中小学生智力测验题.第一卷	2019—03	38.00	1026
天才中小学生智力测验题.第二卷	2019—03	38.00	1027
天才中小学生智力测验题.第三卷	2019—03	38.00	1028
天才中小学生智力测验题.第四卷	2019—03	38.00	1029
天才中小学生智力测验题.第五卷	2019—03	38.00	1030
天才中小学生智力测验题.第六卷	2019—03	38.00	1031
天才中小学生智力测验题.第七卷	2019—03	38.00	1032
天才中小学生智力测验题.第八卷	2019—03	38.00	1033
天才中小学生智力测验题.第九卷	2019—03	38.00	1034
天才中小学生智力测验题.第十卷	2019—03	38.00	1035
天才中小学生智力测验题.第十一卷	2019—03	38.00	1036
天才中小学生智力测验题.第十二卷	2019—03	38.00	1037
天才中小学生智力测验题.第十三卷	2019—03	38.00	1038

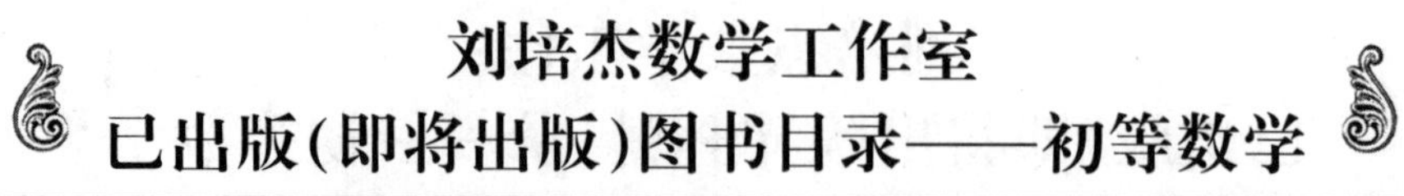

刘培杰数学工作室
已出版(即将出版)图书目录——初等数学

书　　名	出版时间	定　价	编号
重点大学自主招生数学备考全书:函数	2020—05	48.00	1047
重点大学自主招生数学备考全书:导数	2020—08	48.00	1048
重点大学自主招生数学备考全书:数列与不等式	2019—10	78.00	1049
重点大学自主招生数学备考全书:三角函数与平面向量	2020—08	68.00	1050
重点大学自主招生数学备考全书:平面解析几何	2020—07	58.00	1051
重点大学自主招生数学备考全书:立体几何与平面几何	2019—08	48.00	1052
重点大学自主招生数学备考全书:排列组合・概率统计・复数	2019—09	48.00	1053
重点大学自主招生数学备考全书:初等数论与组合数学	2019—08	48.00	1054
重点大学自主招生数学备考全书:重点大学自主招生真题.上	2019—04	68.00	1055
重点大学自主招生数学备考全书:重点大学自主招生真题.下	2019—04	58.00	1056
高中数学竞赛培训教程:平面几何问题的求解方法与策略.上	2018—05	68.00	906
高中数学竞赛培训教程:平面几何问题的求解方法与策略.下	2018—06	78.00	907
高中数学竞赛培训教程:整除与同余以及不定方程	2018—01	88.00	908
高中数学竞赛培训教程:组合计数与组合极值	2018—04	48.00	909
高中数学竞赛培训教程:初等代数	2019—04	78.00	1042
高中数学讲座:数学竞赛基础教程(第一册)	2019—06	48.00	1094
高中数学讲座:数学竞赛基础教程(第二册)	即将出版		1095
高中数学讲座:数学竞赛基础教程(第三册)	即将出版		1096
高中数学讲座:数学竞赛基础教程(第四册)	即将出版		1097
新编中学数学解题方法 1000 招丛书.实数(初中版)	2022—05	58.00	1291
新编中学数学解题方法 1000 招丛书.式(初中版)	2022—05	48.00	1292
新编中学数学解题方法 1000 招丛书.方程与不等式(初中版)	2021—04	58.00	1293
新编中学数学解题方法 1000 招丛书.函数(初中版)	2022—05	38.00	1294
新编中学数学解题方法 1000 招丛书.角(初中版)	2022—05	48.00	1295
新编中学数学解题方法 1000 招丛书.线段(初中版)	2022—05	48.00	1296
新编中学数学解题方法 1000 招丛书.三角形与多边形(初中版)	2021—04	48.00	1297
新编中学数学解题方法 1000 招丛书.圆(初中版)	2022—05	48.00	1298
新编中学数学解题方法 1000 招丛书.面积(初中版)	2021—07	28.00	1299
新编中学数学解题方法 1000 招丛书.逻辑推理(初中版)	2022—06	48.00	1300
高中数学题典精编.第一辑.函数	2022—01	58.00	1444
高中数学题典精编.第一辑.导数	2022—01	68.00	1445
高中数学题典精编.第一辑.三角函数・平面向量	2022—01	68.00	1446
高中数学题典精编.第一辑.数列	2022—01	58.00	1447
高中数学题典精编.第一辑.不等式・推理与证明	2022—01	58.00	1448
高中数学题典精编.第一辑.立体几何	2022—01	58.00	1449
高中数学题典精编.第一辑.平面解析几何	2022—01	68.00	1450
高中数学题典精编.第一辑.统计・概率・平面几何	2022—01	58.00	1451
高中数学题典精编.第一辑.初等数论・组合数学・数学文化・解题方法	2022—01	58.00	1452
历届全国初中数学竞赛试题分类解析.初等代数	2022—09	98.00	1555
历届全国初中数学竞赛试题分类解析.初等数论	2022—09	48.00	1556
历届全国初中数学竞赛试题分类解析.平面几何	2022—09	38.00	1557
历届全国初中数学竞赛试题分类解析.组合	2022—09	38.00	1558

联系地址:哈尔滨市南岗区复华四道街 10 号　哈尔滨工业大学出版社刘培杰数学工作室
网　　址:http://lpj.hit.edu.cn/
邮　　编:150006
联系电话:0451—86281378　　13904613167
E-mail:lpj1378@163.com